电工口诀及
电工常用电路实物接线

黄海平　郭冬　黄鑫　编著

科学出版社
北　京

内 容 简 介

本书作者总结多年工作经验，提炼出许多电工实际操作中的技术口诀，并辅以详细说明，帮助读者快速掌握电工实操的重要技能，以及电工常用电路的实物接线方法。本书共11章，内容包括架空线路、变压器、电动机、导线、电焊机、电容器、断路器、整流器、照明及电热等技术口诀，以及近20个电工常用电路的实物接线方法。

本书语言精练有趣，图文并茂，使读者能够快速理解，快速掌握，即学即用。

本书通俗易懂、直观可查，适合各级院校电工、电子及相关专业师生参考阅读，同时也适合作为电工技术人员的参考资料。

图书在版编目（CIP）数据

电工口诀及电工常用电路实物接线/黄海平,郭冬,黄鑫 编著.—北京：科学出版社，2018.8

ISBN 978-7-03-058482-3

Ⅰ.电… Ⅱ.①黄… ②郭… ③黄… Ⅲ.①电工-基本知识 ②电路-基本知识 Ⅳ.TM

中国版本图书馆CIP数据核字（2018）第180388号

责任编辑：孙力维 杨 凯 / 责任制作：魏 谨

责任印制：张克忠

北京东方科龙图文有限公司 制作

http://www.okbook.com.cn

科学出版社 出版

北京东黄城根北街16号

邮政编码：100717

http://www.sciencep.com

天津市新科印刷有限公司 印刷

科学出版社发行 各地新华书店经销

*

2018年8月第 一 版 开本：880×1230 1/32

2018年8月第一次印刷 印张：9

字数：271 000

定价：38.00元

（如有印装质量问题，我社负责调换）

前言

对于广大电工技术人员和许多初级电工人员来说，理解电工基础知识和基本操作技能并不难，但是在实际工作时往往想不起来或者记不清楚重要的数据及操作方法，不知从何下手。为此，笔者总结多年工作经验，结合目前电工操作领域的实际情况，将电工重要的基础知识、操作方法和技术数据提炼出来，凝结成精练有趣的口诀，帮助读者记忆和理解，并辅以详细的说明和实例介绍，让读者能够一看就懂、即学即用，大大提高电工技术人员现场操作的速度和技能水平。

本书语言精练有趣，数据准确可查，主要介绍了架空线路、变压器、电动机、导线、电焊机、电容器、断路器、整流器、照明及电热等技术口诀。

此外，考虑到很多初级电工在现场实际接线时，不知如何完成电工元器件的连接和设置，本书第 11 章精选出了近 80 个电工常用电路，将电路的电气原理图与实物接线图一一对应，指导读者快速完成电工电路的现场接线，并从中学习电路接线的方法和技巧。

本书在编写过程中，郭冬、黄鑫、李志平、李燕、黄海静、李雅茜、李志安等同志参加了部分章节的编写工作，山东威海热电集团的黄鑫同志完成了全书照片拍摄及制图工作，在此表示衷心的感谢。

由于作者水平有限，编写时间仓促，书中不足之处在所难免，敬请专家同仁赐教，以便修订改之。

黄海平

2018 年 5 月于山东威海福德花园

目　录

第 1 章　架空线路口诀

第 2 章　变压器口诀

第 3 章 电动机口诀

第 4 章 导线口诀

第 5 章 电焊机口诀

第 6 章 电容器口诀

第 7 章 断路器口诀

第 8 章 整流器口诀

第 9 章 照明及电热口诀

第 10 章 其他电工操作口诀

第 11 章 电工常用电路实物接线

第1章

架空线路口诀

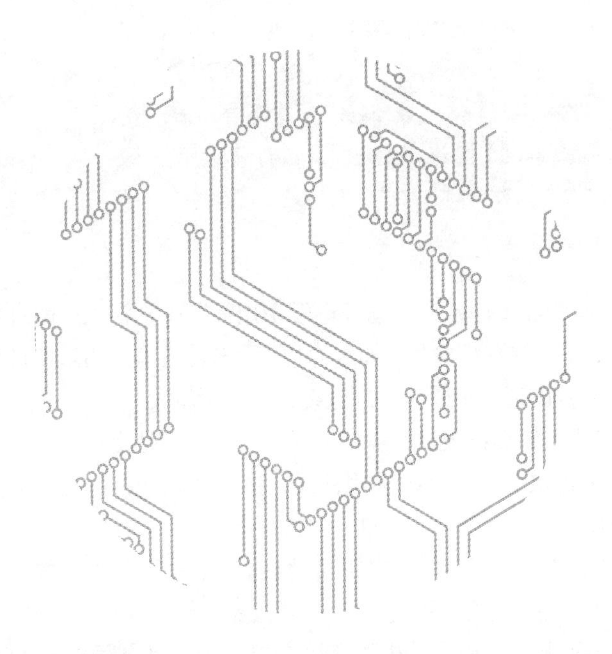

1.1　架空线路专供单台三相380V电动机时导线截面积选择

口　诀：

有些设备厂区外，铺设电缆费用大①。
低压架空花钱少，经济方便通流大②。
单纯电机架空线，电机容量乘距离，
最后除以系数算。
架空铜绞线系数5，架空铝绞线系数3③。
铜线铝线换一换，截面轻松就能算。
知道铝线求铜线，铝线再乘0.8。
知道铜线求铝线，铜线再乘1.3④。
导线截面需互换，还有方法更简单。
知道铝线求铜线，截面靠近降一级。
知道铜线求铝线，截面靠近升一级⑤。

说　明：

①“有些设备厂区外，铺设电缆费用大”。是指工厂的有些设备离厂区较远，基本上在厂区外，如水源地等。若铺设电缆为这些设备供电，因距离较远，设备容量较大，用电缆铺设费用较大。

②“低压架空花钱少，经济方便通流大”。是指用架空线路替代电缆，一是造价很低；二是因采用裸线，散热性能好，通流比电流大；三是维护方便。

③“单纯电机架空线，电机容量乘距离，最后除以系数算。架空铜绞线系数5，架空铝绞线系数3”。是指若单纯给电动机供电而走架空线，计算导管截面积时，用电动机的容量（kW）乘以供电距离（以百米计），这个距离是指从配电变压器到供电末端之间的距离。最后再除以导线材质系数，若采用铜绞线则除以5，若采用铝绞线则除以3。

【举例 1】 一条低压 380V/220V 三相四线架空线路，供距离配电变压器 500m 远的厂外水源地泵房的 37kW 电动机使用，问采用多大截面积的铝绞线才能满足供电需求？

解： $37\times(500\div100)\div3\approx61.7\ (mm^2)$

接近此截面积的铝绞线为 $70mm^2$，所以选用 $70mm^2$ 的铝绞线。

答：采用截面积为 $70mm^2$ 的铝绞线才能满足供电需求。

【举例 2】 一台 7.5kW 的三相异步电动机，距离配线变压器 800m 远，采用架空线供电，若采用铜绞线，问导线截面积需要多大？

解： $7.5\times(800\div100)\div5=12\ (mm^2)$

架空线路铜绞线最小截面积为 $12mm^2$，所以选用 $16mm^2$ 铜绞线。

答：需要 $16mm^2$ 铜绞线。

④ “铜线铝线换一换，截面轻松就能算。知道铝线求铜线，铝线再乘 0.8。知道铜线求铝线，铜线再乘 1.3”。意思是说，若选用铝线后换铜线，用铝线的截面积再乘以 0.8 就是铜线的截面积了；选用铜线后换铝线，用铜线的截面积再乘以 1.3 就是铝线的截面积了。虽然铜线、铝线截面积不同，但所允许的安全载流量基本相同。

【举例 3】 一台 15kW 的三相异步电动机，距离配电变压器 1200m 远，采用架空线供电。若采用铜绞线，问截面积需要多大？若换成铝绞线，问截面积需要多大？

解： $15\times(1200\div100)\div5=36\ (mm^2)$

靠近此截面积的铜绞线为 $35mm^2$，所以选用 $35mm^2$ 铜绞线。

若将 $35mm^2$ 铜绞线换成铝绞线，则用 $35mm^2$ 乘以 1.3，即

$$35\times1.3=45.5\ (mm^2)$$

靠近此截面积的铝绞线为 $50mm^2$，所以选用 $50mm^2$ 铝绞线。

【举例 4】 一台 30kW 的三相异步电动机，距离配线变压器 600m 远，采用架空线供电。若采用铝绞线，问截面积需要多大；若换成铜绞线，问截面积需要多大。

解： $30\times(600\div100)\div3=60\ (mm^2)$

靠近此截面积的铝绞线为 $50mm^2$，所以选用 $50mm^2$ 铝绞线。

若将铝绞线换成铜绞线，则用50mm^{2}乘以0.8，即

$$50 \times 0.8 = 40\ (\text{mm}^2)$$

靠近此截面积的铜绞线为35mm^2，所以选用35mm^{2}铜绞线。

⑤ “导线截面需互换，还有方法更简单。知道铝线求铜线，截面靠近降一级。知道铜线求铝线，截面靠近升一级”。意思是说，若铝线改铜线，截面靠近降一级，如原铝线截面积为35mm^2，改用铜线时，则选用靠近35mm^{2}的低一级（降一级）的25mm^{2}铜线。若铜线改铝线，截面靠近升一级，如原铜线截面积为25mm^2，改用铝线时，则选用靠近25mm^{2}的高一级（升一级）的35mm^{2}铝线。

1.2　三相四线低压 380V/220V 架空导线截面积与电流估算

口　诀：

铝绞线最小 $25mm^2$，电流能通 100A。
截面 $25mm^2$ 开始起，每升一级电流加 50A。
截面最大 $150mm^2$，电流对应 400A。
$35mm^2$ 电流能通 150A，$50mm^2$ 电流能通 200A，
$70mm^2$ 电流能通 250A，$95mm^2$ 电流能通 300A，
$120mm^2$ 电流能通 350A，$150mm^2$ 电流能通 400A。
铜绞线最小 $16mm^2$，电流能通 100A。
截面 $16mm^2$ 开始起，每升一级电流加 50A。
截面最大 $150mm^2$，电流对应 450A。
$25mm^2$ 电流能通 150A，$35mm^2$ 电流能通 200A，
$50mm^2$ 电流能通 250A，$70mm^2$ 电流能通 300A，
$95mm^2$ 电流能通 350A，$120mm^2$ 电流能通 400A，
$150mm^2$ 电流能通 450A。

说　明：

三相四线低压 380V/220V 架空线路电压降不能超过 5%。

【举例 1】 一条三相四线低压 380V/220V 架空线路，用截面积 $35mm^2$ 铝绞线，问能通过多大电流？

解：$25mm^2$ 铝绞线通过电流为 100A。$35mm^2$ 的铝绞线比 $25mm^2$ 截面积排列顺序升了一级（$35mm^2$），需加一个 50A 就可以了，即

100A（$25mm^2$）+50A=150A

答：$35mm^2$ 铝绞线作架空线路能通过 150A 电流。

【举例 2】 用 50mm^2 铝绞线作三相四线低压 380V/220V 架空线路，问能通过多大电流？

解：25mm^2 铝绞线通过电流为 100A。50mm^2 的铝绞线比 25mm^2 截面积排列顺序升了二级（35mm^2、50mm^2），需加二个 50A 就可以了，即

100A（25mm^2）+50A+50A=200A

答：50mm^2 铝绞线作架空线路能通过 200A 电流。

【举例 3】 用 70mm^2 铝绞线作三相四线低压 380V/220V 架空线路，问能通过多大电流？

解：25mm^2 铝绞线通过电流为 100A。70mm^2 铝绞线比 25mm^2 截面积排列顺序升了三级（35mm^2、50mm^2、70mm^2），需加三个 50A 就可以了，即

100A（25mm^2）+50A+50A+50A=250A

答：70mm^2 铝绞线作架空线路能通过 250A 电流。

【举例 4】 用 95mm^2 铝绞线作三相四线低压 380V/220V 架空线路，问能通过多大电流？

解：25mm^2 铝绞线通过电流为 100A。95mm^2 铝绞线比 25mm^2 截面积排列顺序升了四级（35mm^2、50mm^2、70mm^2、95mm^2），需加四个 50A 就可以了，即

100A（25mm^2）+50A+50A+50A+50A=300A

答：95mm^2 铝绞线作架空线路能通过 300A 电流。

【举例 5】 用 120mm^2 铝绞线作三相四线低压 380V/220V 架空线路，问能通过多大电流？

解：25mm^2 铝绞线通过电流为 100A。120mm^2 铝绞线比 25mm^2 截面积排列顺序升了五级（35mm^2、50mm^2、70mm^2、95mm^2、120mm^2），需加五个 50A 就可以了，即

100A（25mm^2）+50A+50A+50A+50A+50A= 350A

答：120mm^2 铝绞线作架空线路能通过 350A 电流。

【举例 6】 用 150mm^2 铝绞线作三相四线低压 380V/220V 架空线路，问

能通过多大电流？

解：$25mm^2$ 铝绞线通过电流为 100A。$150mm^2$ 铝绞线比 $25mm^2$ 截面积排列顺序升了六级（$35mm^2$、$50mm^2$、$70mm^2$、$95mm^2$、$120mm^2$、$150mm^2$），需加六个 50A 就可以了，即

$$100A（25mm^2）+50A+50A+50A+50A+50A+50A=400A$$

答：$150mm^2$ 铝绞线作架空线路能通过 400A 电流。

【举例 7】 用 $25mm^2$ 铜绞线作三相四线低压 380V/220V 架空线路，问能通过多大电流？

解：$16mm^2$ 铜绞线通过电流为 100A。$25mm^2$ 铜绞线比 $16mm^2$ 截面积排列顺序升了一级（$25mm^2$），需加一个 50A 就可以了，即

$$100A（16mm^2）+50A=150A$$

答：$25mm^2$ 铜绞线作架空线路能通过 150A 电流。

【举例 8】 用 $35mm^2$ 铜绞线作三相四线低压 380V/220V 架空线路，问能通过多大电流？

解：$16mm^2$ 铜绞线通过电流为 100A。$35mm^2$ 铜绞线比 $16mm^2$ 截面积排列顺序升了二级（$25mm^2$、$35mm^2$），需加二个 50A 就可以了，即

$$100A（16mm^2）+50A+50A=200A$$

答：$35mm^2$ 铜绞线作架空线路能通过 200A 电流。

【举例 9】 用 $50mm^2$ 铜绞线作三相四线低压 380V/220V 架空线路，问能通过多大电流？

解：$16mm^2$ 铜绞线通过电流为 100A。$50mm^2$ 铜绞线比 $16mm^2$ 截面积排列顺序升了三级（$25mm^2$、$35mm^2$、$50mm^2$），需加三个 50A 就可以了，即

$$100A（16mm^2）+50A+50A+50A=250（A）$$

答：$50mm^2$ 铜绞线作架空线路能通过 250A 电流。

【举例 10】 用 $70mm^2$ 铜绞线作三相四线低压 380V/220V 架空线路，问能通过多大电流？

解：$16mm^2$ 铜绞线通过电流为 100A。$70mm^2$ 铜绞线比 $16mm^2$ 截面积排

列顺序升了四级（25mm^2、35mm^2、50mm^2、70mm^2），需加四个 50A 就可以了，即

100A（16mm^2）+50A+50A+50A+50A=300A

答：70mm^2 铜绞线作架空线路能通过 300A 电流。

【举例 11】 用 95mm^2 铜绞线作三相四线低压 380V/220V 架空线路，问能通过多大电流？

解：16mm^2 铜绞线通过电流为 100A。95mm^2 铜绞线比 16mm^2 铜绞线截面积排列顺序升了五级（25mm^2、35mm^2、50mm^2、70mm^2、95mm^2），需加五个 50A 就可以了，即

100A（16mm^2）+50A+50A+50A+50A+50A=350A

答：95mm^2 铜绞线作架空线路能通过 350A 电流。

【举例 12】 用 120mm^2 铜绞线作三相四线低压 380V/220V 架空线路，问能通过多大电流？

解：16mm^2 铜绞线通过电流为 100A。120mm^2 铜绞线比 16mm^2 铜绞线截面积排列顺序升了六级（25mm^2、35mm^2、50mm^2、70mm^2、95mm^2、120mm^2），需加六个 50A 就可以了，即

100A（16mm^2）+50A+50A+50A+50A+50A+50A=400A

答：120mm^2 铜绞线作架空线路能通过 400A 电流。

【举例 13】 用 150mm^2 铜绞线作三相四线低压 380V/220V 架空线路，问能通过多大电流？

解：16mm^2 铜绞线通过电流为 100A。150mm^2 铜绞线比 16mm^2 铜绞线截面积排列顺序升了七级（25mm^2、35mm^2、50mm^2、70mm^2、95mm^2、120mm^2、150mm^2），需加七个 50A 就可以了，即

100A（16mm^2）+50A+50A+50A+50A+50A+50A+50A=450A

答：150mm^2 铜绞线作架空线路能通过 450A 电流。

1.3 三相四线低压 380V/220V 架空线路所需裸导线估算（一）

口 诀：

三相架空来送电，需用多粗裸导线？
负载容量乘距离，若用铜线再乘 3，
若用铝线再乘 4。

说 明：

对于三相四线低压 380V/220V 架空线路所配裸导线估算，用容量乘以供电距离（以千米计）后，再乘以线材系数即可。

即：铜裸线=容量 × 距离 ×3

铝裸线=容量 × 距离 ×4

【举例 1】 一条三相四线低压 380V/220V 架空线路，输电距离为 750m，负荷容量为 25kW，问采用铜裸导线需要多大截面积？采用铝裸导线需要多大截面积？

解： 25×（750÷1000）=18.75

铜裸导线：18.75×3=56.25（mm^2）

铝裸导线：18.75×4=75（mm^2）

铜裸导线可选用截面积 70mm^2，铝裸导线可选用截面积 95mm^2。

答：铜裸导线可选用截面积 70mm^2，铝裸导线可选用截面积 95mm^2。

【举例 2】 一条三相四线低压 380V/220V 架空线路，输电距离为 500m，负荷容量为 10kW，问采用铝裸导线需要多大截面积？

解： 10×（500÷1000）×4=20（mm^2）

靠近 20mm^2 的铝裸导线截面积为 25mm^2。

答：需截面积 25mm^2 的铝裸导线。

【举例 3】 一条三相四线低压 380V/220V 架空线路，输电距离为 300m，负荷容量为 15kW，问采用铜裸导线需要多大截面积？

解：　　$15\times(300\div1000)\times3=13.5\ (mm^2)$

靠近 $13.5mm^2$ 的铜裸导线截面积为 $16mm^2$。

答：需截面积 $16mm^2$ 的铜裸导线。

1.4 三相四线低压 380V/220V 架空线路所需裸导线估算（二）

口 诀：

架空裸铜线 16 至 150 平方，16 平方开始一百安，
逐级加大五十安①。
架空裸铝线 16 至 150 平方，16 平方开始五十安，
逐级加大五十安②。

说 明：

架空线路具有简单、实用、经济、维护方便、通流大等优势，现仍广泛使用，特别是工矿企业、山区、农村应用较为普遍。

① 架空线路最小线径 $16mm^2$，若采用铜芯绞线，$16mm^2$ 通过电流 100A，从 $16mm^2$ 开始逐级加大截面积至 $150mm^2$，每增加一级截面积，其通过电流逐级增加 50A，见表 1.1。

表 1.1 铜芯绞线截面积与通过电流

截面积/mm^2	16	25	35	50	70	95	120	150
通过电流/A	100	150	200	250	300	350	400	450

② 若采用铝芯绞线，$16mm^2$ 通过电流 50A，从 $16mm^2$ 开始逐级加大截面积至 $150mm^2$，每增加一级截面积，其通过电流逐级增加 50A，见表 1.2。

表 1.2 铝芯绞线截面积与通过电流

截面积/mm^2	16	25	35	50	70	95	120	150
通过电流/A	50	100	150	200	250	300	350	400

从上述两个数据表格中不难看出，铜线与铝线关系很微妙。也就是说，铝线比铜线截面积大一级，或铜线比铝线截面积小一级，两者通过电流

基本相同。例如，35mm^2 铜线与比此截面积大一级的 50mm^2 铝线通过电流相同。

架空线路基本上为裸线架设，若采用带皮绝缘导线，其散热效果肯定不理想，通过的电流也必然降低，通常减一半左右，见表 1.3。

表 1.3　带皮导线的通过电流

铝绞线 /mm^2	铜绞线 /mm^2	通过电流 /A
25	16	100
35	25	150
50	35	200
70	50	250
95	70	300
120	95	350
150	120	400
	150	450

另外，在知道铜导线截面积后，欲想改用铝导线，可用铜导线截面直接乘以 1.3 倍，求出铝导线截面积。若知道铝导线截面积后，欲想改用铜导线，可用铝导线截面积直接乘以 0.8 倍，求出铜导线截面积。

1.5　三相四线低压 380V/220V 架空线路所需裸导线估算（三）

口　诀：

> 架空线路压损小，通常允许百分之五①。
> 最小平方一十六，最大架设一百五②。
> 裸铝线七十以下乘以 4③，一百五以下乘以 3④，
> 若用裸铜线需升级⑤。

说　明：

①“架空线路压损小，通常允许百分之五”。意思是说，架空线路电压损失不大于 5%。

②“最小平方一十六，最大架设一百五”。意思是说，架空线路采用最小截面积为 16mm^2 的铝绞线或铜绞线，因施工问题，最大截面积为 150mm^2。

③“裸铝线七十以下乘以 4”。意思是说，16mm^2 ~ 70mm^2 的裸铝绞线，其载流量按截面积的 4 倍估算。

【举例 1】 16mm^2 的钢芯裸铝绞线，问其载流量为多少？

解：　　$16 \times 4=64$（A）

答：16mm^2 的钢芯裸铝绞线，载流量为 64A。

【举例 2】 25mm^2 的钢芯裸铝绞线，问其载流量为多少？

解：　　$25 \times 4=100$（A）

答：25mm^2 的钢芯裸铝绞线，载流量为 100A。

【举例 3】 35mm^2 的钢芯裸铝绞线，问其载流量为多少？

解：　　$35 \times 4=140$（A）

答：35mm^2 的钢芯裸铝绞线，载流量为 140A。

【举例 4】 50mm^2 的钢芯裸铝绞线，问其载流量为多少？

解：　　$50 \times 4 = 200$（A）

答：50mm^2 的钢芯裸铝绞线，载流量为 200A。

【举例 5】 70mm^2 的钢芯裸铝绞线，问其载流量为多少？

解：　　$70 \times 4 = 280$（A）

答：70mm^2 的钢芯裸铝绞线，载流量为 280A，实际达不到 280A，一般按 250A 估算。

④ “一百五以下乘以 3”。意思是说，95mm^2 ~ 150mm^2 的裸铝绞线，其载流量按截面积的 3 倍估算。

表 1.4 所示为 LJ 铝绞线技术数据，表 1.5 所示为钢芯铝绞线技术数据。

【举例 6】 95mm^2 的钢芯裸铝绞线，问其载流量为多少？

解：　　$95 \times 3 = 285$（A）

答：95mm^2 的钢芯裸铝绞线，载流量为 285A，实际可以按 300A 估算。

【举例 7】 120mm^2 的钢芯裸铝绞线，问其载流量为多少？

解：　　$120 \times 3 = 360$（A）

答：120mm^2 的钢芯裸铝绞线，载流量为 360A，实际达不到，查表 1.5 中的数据，120mm^2 的安全载流量为 335A，一般按 350A 估算。

【举例 8】 150mm^2 的钢芯裸铝绞线，问其载流量为多少？

解：　　$150 \times 3 = 450$（A）

答：150mm^2 的钢芯裸铝绞线，载流量为 450A，实际达不到，查表 1.5 中的数据，150mm^2 的安全载流量为 393A，一般按 400A 估算。

⑤ “若用裸铜线需升级”。意思是说，知道了裸铝线的载流量改用裸铜线时需升级计算。也就是说，若改为裸铜线，同截面积的裸铜线通电电流大一级，其截面积对应关系如下：

- 25mm^2 裸铝线的载流量相当于 16mm^2 裸铜线
- 35mm^2 裸铝线的载流量相当于 25mm^2 裸铜线

· 50mm^2 裸铝线的载流量相当于 35mm^2 裸铜线
· 75mm^2 裸铝线的载流量相当于 50mm^2 裸铜线
· 95mm^2 裸铝线的载流量相当于 70mm^2 裸铜线
· 120mm^2 裸铝线的载流量相当于 95mm^2 裸铜线
· 150mm^2 裸铝线的载流量相当于 120mm^2 裸铜线

表 1.6 所示为 TJ 硬铜绞线技术数据。

表 1.4　LJ 铝绞线技术数据

标称截面积（mm^2）	根数/线径（mm）	安全载流量（A）	拉断力（N）
16	7/1.70	93	2570
25	7/2.12	120	4000
35	7/2.50	150	5550
50	7/3.00	190	7500
70	7/3.55	234	9900
95	19/2.50	290	15100
120	19/2.80	330	17800
150	19/3.15	388	22500
185	19/3.50	440	27800

表 1.5　LGJ 钢芯铝绞线技术数据

标称截面积（mm^2）	根数/线径（mm）		安全载流量（A）	拉断力（N）
	铝	钢		
16	6/1.8	1/1.8	97	5300
25	6/2.2	1/2.2	124	7900
35	6/2.8	1/2.8	150	11900
50	6/3.2	1/3.2	195	15500
70	6/3.8	1/3.8	242	21300
95	28/2.07	7/1.8	295	34900
120	28/2.3	7/2	335	43100
150	28/2.53	7/2.2	393	50800
185	28/2.88	7/2.5	450	65700
240	28/3.22	7/2.8	540	78600

表 1.6　TJ 硬铜绞线技术数据

标称截面积（mm^2）	根数/线径（mm）	安全载流量（A）	拉断力（N）
16	7/1.7	120	5860
25	7/2.12	156	8900
35	7/2.5	195	12370
50	7/2.97	247	17810
70	19/2.12	304	24150
95	19/2.5	377	33580
120	19/2.8	429	42120
150	19/3.15	504	51970

1.6 三相四线低压 380V/220V 架空线路导线截面积估算

口 诀：

低压架空铜绞线，2.5 倍负荷距①。
低压架空铝绞线，3.5 倍负荷距②。
铜铝截面可转换，知铜求铝截面乘以 1.3，
知铝求铜截面乘以 0.6③。
N 线截面需多大，N 线采用相线半④。

说 明：

① "低压架空铜绞线，2.5 倍负荷距"。是指低压 380V/220V 架空线路铜绞线截面积的估算方法。也就是说，首先必须知道负荷和输电距离，用负荷乘以距离（以千米为单位），求出负荷距。然后用负荷距直接乘以系数 2.5，即可求出此架空线路所需铜绞线的截面积。

【举例 1】 一条三相四线低压 380V/220V 架空线路，负荷容量为 30kW，输电距离为 500m（0.5km）左右，问需采用多大截面积的铜绞线？

解： 负荷距为 $30 \times 0.5=15$

铜绞线截面积为 $15 \times 2.5=37.5$（mm^2）

靠近 $37.5mm^2$ 的铜绞线为 $35mm^2$。

答：可选用 $35mm^2$ 的铜绞线。

【举例 2】 一条三相四线低压 380V/220V 架空线路，负荷容量为 20kW，输电距离为 1000m（1km）左右，问需采用多大截面积的铜绞线？

解： 负荷距为 $20 \times 1=20$

铜绞线截面积为 $20 \times 2.5=50$（mm^2）

答：可选用 $50mm^2$ 的铜绞线。

② “低压架空铝绞线，3.5 倍负荷距”。是指低压 380V/220V 架空线路铝绞线截面积的估算方法，先求负荷距，再乘以系数 3.5，即可求出此架空线路所需的铝绞线截面积。

【举例 3】 一条三相四线低压 380V/220V 架空线路，负荷容量为 40kW，输电距离为 1000m（1km）左右，问需采用多大截面积的铝绞线？

解： 负荷距为 $40 \times 1=40$

铝绞线截面积为 $40 \times 3.5=140$（mm^2）

靠近 $140mm^2$ 的铝绞线为 $150mm^2$。

答：可选用 $150mm^2$ 的铝绞线。

【举例 4】 一条三相四线低压 380V/220V 架空线路，负荷容量为 27kW，输电距离为 700m（0.7km）左右，问需采用多大截面积的铝绞线？

解： 负荷距为 $27 \times 0.7=18.9$

铝绞线截面积为 $18.9 \times 3.5=66.15$（mm^2）

靠近 $66.15mm^2$ 的铝绞线为 $70mm^2$。

答：可选用 $70mm^2$ 的铝绞线。

③ “铜铝截面可转换，知铜求铝截面乘以 1.3，知铝求铜截面乘以 0.6”。意思是说，如果已求出了铜绞线截面积，欲想换为铝绞线，则用铜绞线截面积乘以 1.3 即可，反之则乘以 0.6。

【举例 5】 已知某架空线路采用 $50mm^2$ 铝绞线，若改为铜绞线，需采用多大截面积？

解： $50 \times 0.6=30$（mm^2）

靠近 $30mm^2$ 的铜绞线为 $35mm^2$。

答：可改用 $35mm^2$ 的铜绞线。

【举例 6】 已知某架空线路采用 $95mm^2$ 铜绞线，若改为铝绞线，需采用多大截面积？

解： $95 \times 1.3=123.5$（mm^2）

靠近 $123.5mm^2$ 的铝绞线为 $120mm^2$。

答：可改用 $120mm^2$ 的铝绞线。

④ “N 线截面需多大，N 线采用相线半”。意思是说，估算出相线截面积后，相线截面积的一半可作为 N 线截面积。

【举例 7】 一条三相四线低压 380V/220V 架空线路，已知相线选用 $70mm^2$ 铜绞线，问 N 线选用多大截面积的铜绞线？

解： $70 \div 2 = 35\ (mm^2)$

答：N 线可选用 $35mm^2$ 的铜绞线。

【举例 8】 一条三相四线低压 380V/220V 架空线路，已知相线选用 $120mm^2$ 铝绞线，问 N 线选用多大截面积的铝绞线？

解： $120 \div 2 = 60\ (mm^2)$

靠近 $60mm^2$ 的铝绞线为 $70mm^2$。

答：N 线可选用 $70mm^2$ 的铝绞线。

表 1.7 所示为常用三相四线供电系统相线与 N 线（N 线为相线一半）选用表，若条件允许，N 线最好与相线截面积相同。

表 1.7 常用三相四线供电系统相线与 N 线（N 线为相线一半）选用表

相线（mm^2）	16	25	35	50	70	95	120	150	185
N 线（mm^2）	10	16	16	25	35	50	70	95	95

1.7　单相 220V 架空线路送电能力估算

口　诀：

> 低压 220V 架空线路能否送电，完全取决负荷距。
> 负荷乘距离小于 6 兆瓦米，保证可以来送电。

【举例 1】 一条单相 220V 低压架空线路，负荷容量为 20kW，输电距离为 0.4km，问能否送电？

解：　　$20\text{kW} \times 0.4\text{km} = 8\text{MW} \cdot \text{m}$

　　因 $8\ \text{MW} \cdot \text{m} > 6\ \text{MW} \cdot \text{m}$，所以不能送电。

答：此架空线路送电能力不足，不能送电。

【举例 2】 一条单相 220V 低压架空线路，负荷容量为 15kW，输电距离为 0.3km，问能否送电？

解：　　$15\text{kW} \times 0.3\text{km} = 4.5\text{MW} \cdot \text{m}$

　　因 $4.5\ \text{MW} \cdot \text{m} < 6\ \text{MW} \cdot \text{m}$，所以可以送电。

答：此架空线路可以送电。

1.8 三相四线低压 380V/220V 架空线路送电能力估算

口 诀:

> 低压 380V 架空线路能否送电，关键就在负荷距。
> 负荷乘距离小于 38 兆瓦米，保证送电没问题。

【举例 1】 一条三相四线低压 380V/220V 架空线路，负荷容量 28kW，输电距离为 0.5km，问能否送电?

解: $28\text{kW} \times 0.5\text{km} = 14\text{MW} \cdot \text{m}$

因 $14\ \text{MW} \cdot \text{m} < 38\ \text{MW} \cdot \text{m}$，所以可以送电。

答: 此架空线路可以送电。

【举例 2】 一条三相四线低压 380V/220V 架空线路，负荷容量 50kW，输电距离为 0.7km，问能否送电?

解: $50\text{kW} \times 0.7\text{km} = 35\text{MW} \cdot \text{m}$

因 $35\ \text{MW} \cdot \text{m} < 38\ \text{MW} \cdot \text{m}$，所以可以送电。

答: 此架空线路可以送电。

【举例 3】 一条三相四线低压 380V/220V 架空线路，负荷容量为 40kW，输电距离为 1.2km，问能否送电?

解: $40\text{kW} \times 1.2\text{km} = 48\text{MW} \cdot \text{m}$

因 $48\ \text{MW} \cdot \text{m} > 38\ \text{MW} \cdot \text{m}$，所以不能送电。

答: 此架空线路因送电能力不足，不能送电。

1.9　单相 220V 架空线路所需裸铜绞线估算

口　诀：

> 单相架空来送电，需要多粗裸铜线。
> 输电距离乘负荷，然后再乘一十九。

【举例 1】 一条单相低压 220V 架空线路，输电距离为 300m（0.3km），负荷容量为 20kW，欲采用裸铜绞线，问需要多大截面积?

解：　$20\text{kW} \times 0.3\text{km} = 6\text{MW} \cdot \text{m}$

$6 \times 19 = 114\ (\text{mm}^2)$

可选用 120mm^2 铜绞线。

答：可选用 120mm^2 铜绞线。

【举例 2】 一条单相低压 220V 架空线路，输电距离为 500m（0.5km），负荷容量为 10kW，欲采用裸铜绞线，问需要多大截面积?

解：　$10\text{kW} \times 0.5\text{km} = 5\text{MW} \cdot \text{m}$

$5 \times 19 = 95\ (\text{mm}^2)$

可选用 95mm^2 铜绞线。

答：可选用 95mm^2 铜绞线。

1.10 单相 220V 架空线路所需裸铝绞线估算

口 诀：

> 架空单相 220V，不知需要多大截面。
> 负荷容量乘距离，裸铝线乘以二十四。

【举例 1】一条单相低压 220V 架空线路，输电距离为 230m（0.23km），负荷容量为 7.5kW，欲采用裸铝绞线，问需要多大截面积？

解： 7.5kW × 0.23km = 1.73MW · m

1.73 × 24 = 41.52（mm^2）

可选用 50mm^2 的裸铝绞线。

答：可选用 50mm^2 裸铝绞线。

【举例 2】一条单相低压 220V 架空线路，输电距离 500m（0.5km），负荷容量为 13kW，欲采用裸铝绞线，问需要多大截面积？

解： 13kW × 0.5km = 6.5MW · m

6.5 × 24 = 156（mm^2）

可选用 150mm^2 铝绞线，有条件的话，最好选用 185mm^2 铝绞线。

答：可选用 150mm^2 铝绞线，有条件的话，最好选用 185mm^2 铝绞线。

第2章

变压器口诀

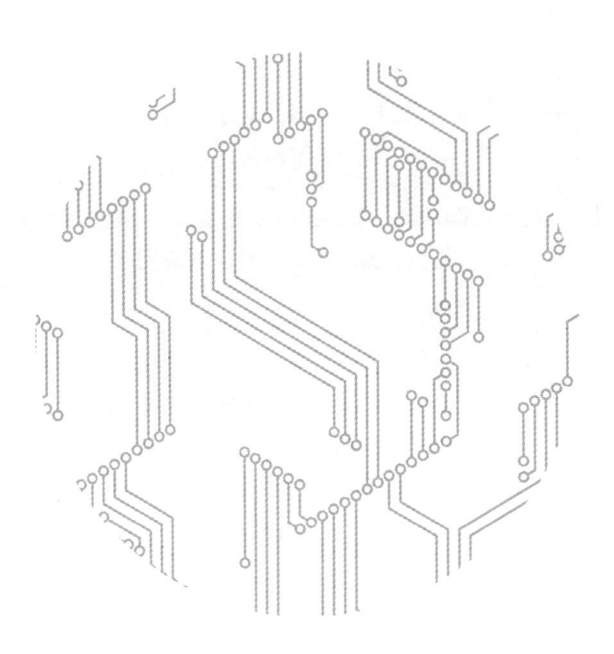

2.1 配电变压器高压电流、高压熔体、低压电流、低压熔体估算（一）

口 诀：

低压四百伏算额流，容量乘以 1.5 倍求[①]。
高压额流如何算，高压除以低压值，
先求高低电压比，再用低流除以变比[②]。
低压额流算出后，1.2 至 1.3 倍额流是熔流[③]。
高压额流算出后，1.5 至 2 倍额流是熔流[④]。

说 明：

① “低压四百伏算额流，容量乘以 1.5 倍求”。是指配电变压器二次侧额定电流的估算，用配电变压器的容量直接乘以 1.5 倍，即为此台配电变压器的二次侧（400V 侧）额定电流。

【举例 1】 一台 10kV/0.4kV 三相配电变压器，容量为 1000kV · A，问其二次侧（400V 侧，通常称 0.4kV 侧）额定电流为多少？

解： $1000 \times 1.5 = 1500$（A）

答：此台配电变压器二次侧（0.4kV 侧）额定电流为 1500A。

② “高压额流如何算，高压除以低压值，先求高低电压比，再用低流除以变比”。是指求高压侧额定电流时，先求出电压比，然后用低压额定电流除以电压比，即为此台配电变压器的高压侧额定电流。

【举例 2】 一台 6kV/0.4kV 三相配电变压器，容量为 1000kV · A，问其一次侧（6kV 侧）额定电流为多少？

解：首先求出此台配电变压器二次侧（0.4kV 侧）额定电流为

$1000 \times 1.5 = 1500$（A）

再求出此台配电变压器一次侧、二次侧电压比，即

6000V ÷ 400V = 15

最后用二次侧（0.4kV 侧）额定电流除以电压比，即为此台配电变压器一次侧（6kV 侧）额定电流，即

1500 ÷ 15 = 100（A）

答：此台 6kV/0.4kV，1000kV · A 的配电变压器一次侧（6kV 侧）额定电流为 100A。

【举例 3】 一台 10kV/0.4kV 三相配电变压器，容量为 1000kV · A，问其一次侧（10kV侧）额定电流为多少?

解：首先求出此台配电变压器二次侧（0.4kV 侧）额定电流为

1000 × 1.5 = 1500（A）

再求出此台配电变压器一次侧、二次侧电压比，即

10000V ÷ 400V = 25

最后用二次侧（0.4kV 侧）额定电流除以电压比，即为此台配电变压器一次侧（10kV 侧）额定电流，即

1500 ÷ 25 = 60（A）

答：此台 10kV/0.4kV，1000kV · A 的配电变压器一次侧（10kV 侧）额定电流为 60A。

【举例 4】 一台 35kV/0.4kV 三相配电变压器，容量为 1000kV · A，问其一次侧（35kV 侧）额定电流为多少?

解：首先求出此台配电变压器二次侧（0.4kV 侧）额定电流为

1000 × 1.5 = 1500（A）

再求出此台配电变压器一次侧、二次侧电压比，即

35000V ÷ 400V = 87.5

最后用二次侧（0.4kV 侧）额定电流除以变压比，即为此台配电变压器一次侧（35kV 侧）额定电流，即

1500 ÷ 87.5 ≈ 17（A）

答：此台 35kV/0.4kV，1000kV · A 的配电变压器一次侧（35kV 侧）额定电流为 17A。

【举例 5】 一台 3kV/0.4kV 三相配电变压器，容量为 1000kV · A，问其一次侧（3kV 侧）额定电流为多少？

解：首先求出此台配电变压器二次侧（0.4kV 侧）额定电流为

1000 × 1.5 = 1500（A）

再求出此台配电变压器一次侧、二次侧电压比，即

3000V ÷ 400V = 7.5

最后用二次侧（0.4kV 侧）额定电流除以电压比，即为此台配电变压器一次侧（3kV 侧）额定电流，即

1500 ÷ 7.5 = 200（A）

答：此台 3kV/0.4kV，1000kV · A 的配电变压器一次侧（3kV 侧）额定电流为 200A。

③ “低压额流算出后，1.2 至 1.3 倍额流是熔流”。指的是如何估算低压二次侧熔体电流，其实很简单，用低压额定电流直接乘以 1.2 ~ 1.3 倍即可。

【举例 6】 一台 10kV/0.4kV 三相配电变压器，容量为 400kV · A，问其低压二次侧（0.4kV 侧）熔体电流为多少？

解：首先求出此台配电变压器低压二次侧（0.4kV 侧）额定电流为

400 × 1.5 = 600（A）

再估算其低压二次侧（0.4kV 侧）熔体电流，即

600 ×（1.2 ~ 1.3）= 720 ~ 780（A）

答：此配电变压器二次侧（0.4kV 侧）熔体电流为 720 ~ 780A。

④ “高压额流算出后，1.5 至 2 倍额流是熔流”。指的是如何估算高压一次侧熔体电流，用高压额定电流乘以 1.5 ~ 2 倍即可。

【举例 7】 一台 10kV/0.4kV 三相配电变压器，容量为 500kV · A，问其高压一次侧（10kV 侧）熔体电流为多少？

解：第一步，先求出低压二次侧（0.4kV 侧）额定电流为

500 × 1.5 = 750（A）

再求出此台配电变压器一次侧、二次侧电压比，即

10000V ÷ 400V = 25

第三步，用低压额定电流除以电压比，求出此台配电变压器高压一次侧（10kV 侧）额定电流，即

750A ÷ 25=30（A）

第四步，用高压额定电流乘以 1.5～2 倍，即为高压一次侧（10kV 侧）熔体电流，即

30×（1.5～2）=45～60（A）

答：此配电变压器高压一次侧（10kV 侧）熔体电流为 45～60A。

顺便说一下，此口诀也可以估算出高压为三相 400V（0.4kV），低压为 230V（0.23kV）的配电变压器一次侧、二次侧熔体电流。

【举例 8】 一台三相 0.4kV/0.23kV 配电变压器，容量为 50kV・A，问其一次侧、二次侧熔体电流各为多少?

解：第一步，先求出此配电变压器一次侧额定电流，即

50×1.5=75（A）

第二步，求出此配电变压器一次侧、二次侧电压比，即

400V ÷ 230V≈1.74

第三步，估算出此配电变压器二次侧额定电流，即

75×1.74=130.5（A）

第四步，估算出此配电变压器一次侧熔体电流，即

75×（1.5～2）=112.5～150（A）

第五步，估算出此配电变压器二次侧熔体电流，即

130.5×（1.2～1.3）=156.6～169.65（A）

答：此台配电变压器一次侧熔体电流为 112.5～150A，二次侧熔体电流为 156.6～169.65A。

2.2 配电变压器高压电流、高压熔体、低压电流、低压熔体估算（二）

口 诀：

> 高压电流怎么求？0.6 除以电压乘容量①。
> 高压熔体怎么求？1.5 至 2 倍高压额定电流②。
> 低压电流怎么求？高压咋求就咋求③。
> 低压熔体怎么求？1.2 至 1.3 倍低压额定电流④。

说 明：

① “高压电流怎么求？0.6 除以电压乘容量”。指的是配电变压器高压额定电流的估算方法，先用系数 0.6 除以高压侧额定电压，然后再乘以配电变压器的容量即可。

【举例 1】 一台 6kV/0.4kV 的三相配电变压器，容量为 1000kV · A，问其高压额定电流是多少？

解： $0.6 \div 6 = 0.1$

$0.1 \times 1000 = 100$（A）

答：此台配电变压器高压额定电流为 100A。

【举例 2】 一台 3kV/0.4kV 的三相配电变压器，容量为 800kV · A，问其高压额定电流是多少？

解： $0.6 \div 3 = 0.2$

$0.2 \times 800 = 160$（A）

答：此台配电变压器高压额定电流为 160A。

【举例 3】 一台 10kV/0.4kV 的三相配电变压器，容量为 3150kV · A，问其高压额定电流是多少？

解： 0.6 ÷ 10＝0.06

0.06 × 3150＝189（A）

答：此台配电变压器高压额定电流为 189A。

【举例 4】 一台 35kV/0.4kV 的三相配电变压器，容量为 5000kV · A，问其高压额定电流是多少？

解： 0.6 ÷ 35≈0.017

0.017 × 5000＝85（A）

答：此台配电变压器高压额定电流为 85A。

② “高压熔体怎么求？ 1.5 至 2 倍高压额定电流”。指的是求出高压额定电流后，再乘以 1.5 ~ 2 倍，即为高压熔体电流。

【举例 5】 一台 3kV/0.4kV 的三相配电变压器，容量为 315kV · A，问其高压熔体电流是多少？

解：第一步，先求出配电变压器电流系数，用 0.6 除以高压额定电压 3kV，得出新的系数，即

0.6 ÷ 3＝0.2

第二步，用新的系数乘以配电变压器容量，算出高压额定电流，即

0.2 × 315＝63（A）

第三步，用高压额定电流乘以 1.5 ~ 2 倍，便可得出高压熔体电流，即

63 ×（1.5 ~ 2）＝94.5 ~ 126（A）

答：此台配电变压器高压熔体电流为 94.5 ~ 126A。

【举例 6】 一台 6kV/0.4kV 的三相配电变压器，容量为 4000kV · A，问其高压熔体电流是多少？

解：第一步，先求出配电变压器电流系数，用 0.6 除以高压额定电压 6kV，得出新的系数，即

0.6 ÷ 6＝0.1

第二步，用新的系数乘以配电变压器容量，算出高压额定电流，即

0.1 × 4000＝400（A）

第三步，用高压额定电流乘以 1.5 ~ 2 倍，便可得出高压熔体电流，即

$$400\times(1.5\sim2)=600\sim800\ (A)$$

答：此台配电变压器高压熔体电流为 600～800A。

【举例 7】 一台 10kV/0.4kV 三相配电变压器，容量为 2000kV・A，问其高压熔体电流是多少？

解：第一步，先求出配电变压器电流系数，用 0.6 除以高压额定电压 10kV，得出新的系数，即

$$0.6\div10=0.06$$

第二步，用新的系数乘以配电变压器容量，算出高压额定电流，即

$$0.06\times2000=120\ (A)$$

第三步，用高压额定电流乘以 1.5～2 倍，便可得出高压熔体电流，即

$$120\times(1.5\sim2)=180\sim240\ (A)$$

答：此台配电变压器高压熔体电流为 180～240A。

【举例 8】 一台 35kV/0.4kV 的三相配电变压器，容量为 5000kV・A，问其高压熔体电流是多少？

解：第一步，先求出配电变压器电流系数，用 0.6 除以高压额定电压 35kV，得出新的系数，即

$$0.6\div35\approx0.017$$

第二步，用新的系数乘以配电变压器容量，算出高压额定电流，即

$$0.017\times5000=85\ (A)$$

第三步，用高压额定电流乘以 1.5～2 倍，便可得出高压熔体电流，即

$$85\times(1.5\sim2)=127.5\sim170\ (A)$$

答：此台配电变压器高压熔体电流为 127.5～170A。

③ “低压电流怎么求？高压咋求就咋求”。意思是说，低压额定电流的估算与高压额定电流算法一样，也是先用 0.6 除以低压额定电压，然后再乘以配电变压器容量。

【举例 9】 一台 3kV/0.4kV 的三相配电变压器，容量为 1000kV・A，问其低压额定电流是多少？

解：　$0.6\div0.4=1.5$

1.5 × 1000 = 1500（A）

答：此台配电变压器低压额定电流为 1500A。

【举例 10】 一台 6kV/0.4kV 的三相配电变压器，容量为 630kV · A，问其低压额定电流是多少？

解： 0.6 ÷ 0.4 = 1.5

1.5 × 630 = 945（A）

答：此台配电变压器低压额定电流为 945A。

【举例 11】 一台 10kV/0.4kV 的三相配电变压器，容量为 1250kV · A，问其低压额定电流是多少？

解： 0.6 ÷ 0.4 = 1.5

1.5 × 1250 = 1875（A）

答：此台配电变压器低压额定电流为 1875A。

【举例 12】 一台 35kV/0.4kV 的三相配电变压器，容量为 8000kV · A，问其低压额定电流是多少？

解： 0.6 ÷ 0.4 = 1.5

1.5 × 8000 = 12000（A）

答：此台配电变压器低压额定电流为 12000A。

④“低压熔体怎么求？ 1.2 至 1.3 倍低压额定电流”。意思是说，用低压额定电流乘以 1.2 ~ 1.3 倍，即为低压熔体电流。

【举例 13】 一台 10kV/0.4kV 的三相配电变压器，容量为 1000kV · A，问其低压熔体电流是多少？

解： 0.6 ÷ 0.4 = 1.5

1.5 × 1000 = 1500（A） ← 低压额定电流

1500 ×（1.2 ~ 1.3）= 1800 ~ 1950（A） ← 低压额定电流

答：此台配电变压器低压熔体电流为 1800 ~ 1950A。

本口诀也可以用于任何电压等级的配电变压器高压额定电流、高压熔体电流、低压额定电流、低压熔体电流的估算。分别用 0.6 除以高压乘以容量，求出高压额定电流；用高压额定电流乘以 1.5 ~ 2 倍，求出高压熔体电流；用 0.6 除以低压乘以容量，求出低压额定电流；用低压额定电流乘以 1.2 ~ 1.3 倍，求出低压熔体电流。

【举例 14】 一台 35kV/3kV 的三相配电变压器，容量为 8000kV · A，问其高压额定电流、低压额定电流各为多少?

解：高压额定电流估算为

$$0.6 \div 35 \approx 0.017$$

$$0.017 \times 8000 = 136\ (\mathrm{A})$$

低压额定电流估算为

$$0.6 \div 3 = 0.2$$

$$0.2 \times 8000 = 1600\ (\mathrm{A})$$

答：此台配电变压器高压额定电流为 136A，低压额定电流为 1600A。

【举例 15】 一台 35kV/10kV 的三相配电变压器，容量为 10000kV · A，问其高压额定电流、低压额定电流各为多少?

解：高压额定电流估算为

$$0.6 \div 35 \approx 0.017$$

$$0.017 \times 10000 = 170\ (\mathrm{A})$$

低压额定电流估算为

$$0.6 \div 10 = 0.06$$

$$0.06 \times 10000 = 600\ (\mathrm{A})$$

答：此台配电变压器高压额定电流为 170A，低压额定电流为 600A。

【举例 16】 一台 10kV/3kV 的三相配电变压器，容量为 1250kV · A，问其高压额定电流、低压额定电流分别为多少?

解：高压额定电流估算为

$$0.6 \div 10 = 0.06$$

$$0.06 \times 1250 = 75\ (\mathrm{A})$$

低压额定电流估算为

$$0.6 \div 3 = 0.2$$

$$0.2 \times 1250\mathrm{kV \cdot A} = 250\ (\mathrm{A})$$

答：此台配电变压器高压额定电流为 75A，低压额定电流为 250A。

【举例 17】 一台 35kV/10kV 的三相配电变压器，容量为 10000kV·A，问其高压熔体电流、低压熔体电流各为多少？

解：高压额定电流估算为

$6 \div 35 \approx 0.017$

$0.017 \times 10000 = 170$（A）

高压熔体电流估算为

$170 \times$（$1.5 \sim 2$）$= 255 \sim 340$（A）

低压额定电流估算为

$6 \div 10 = 0.06$

$0.06 \times 10000 = 600$（A）

低压熔体电流估算为

$600 \times$（$1.2 \sim 1.3$）$= 720 \sim 780$（A）

答：此台配电变压器高压熔体 电流为 255～340A，低压熔体电流为 720～780A。

【举例 18】 一台 35kV/3kV 的三相配电变压器，容量为 6300kV·A，问其高压熔体电流、低压熔体电流各为多少？

解：高压额定电流估算为

$0.6 \div 35 \approx 0.017$

$0.017 \times 6300 = 107.1$（A）

高压熔体电流估算为

$107.1 \times$（$1.5 \sim 2$）$= 160.65 \sim 214.2$（A）

低压额定电流估算为

$0.6 \div 3 = 0.2$

$0.2 \times 6300 = 1260$（A）

低压熔体电流估算为

$1260 \times$（$1.2 \sim 1.3$）$= 1512 \sim 1638$（A）

答：此台配电变压器高压熔体电流为 160.65～214.2A，低压熔体电流为 1512～1638A。

2.3　配电变压器高 / 低压侧熔体估算

口　诀：

> 容量除以高压值，即为高压熔体流。
> 低压四百伏熔体求，容量 1.8 至 1.9 倍就足够。

说　明：

用配电变压器的容量除以高压（一次侧电压），得出高压（一次侧）熔体保护电流值，此值通常为配电变压器额定电流的 1.5 ~ 2 倍。

对于二次侧熔体保护电流值，则用配电变压器容量直接乘以 1.8 ~ 1.9 倍即可。也就是说，通常估算配电变压器的二次侧（400V，又称 0.4kV）额定电流，是用配电变压器容量乘以 1.5 直接算出，其二次侧熔体保护电流应为额定电流的 1.2 ~ 1.3 倍，基本上与容量直接乘以 1.8 ~ 1.9 倍相吻合。

【举例 1】 一台 10kV/0.4kV 配电变压器，容量为 630kV · A，问其一次侧、二次侧熔体保护电流应选用多大？

解：若采用容量除以高压（一次侧电压）来估算一次侧熔体保护电流，则为

$$630 \div 10=63\ (\mathrm{A})$$

即估算其一次侧熔体保护电流为 63A。

若采用先求出配电变压器一次侧额定电流，再乘以 1.5 ~ 2 倍的方法来估算一次侧熔体保护电流。对于 10kV 的配电变压器，其一次侧额定电流为容量的 6% 左右。

一次侧额定电流为

$$630 \times 6\%=37.8\ (\mathrm{A})$$

一次侧熔体保护电流为额定电流的 1.5 ~ 2 倍，即

$$37.8 \times (1.5 \sim 2)=56.7 \sim 75.6\ (\mathrm{A})$$

从以上两种高压熔体保护电流估算方法可以看出，估算值基本吻合，读者可任意选用适合自己的口诀估算。

而对于配电变压器二次侧熔体保护电流，用本节口诀来估算则为

$$630 \times (1.8 \sim 1.9) = 1134 \sim 1197\,(A)$$

若用先估算出配电变压器二次侧额定电流，再乘以 1.2 ~ 1.3 倍来估算。配电变压器二次侧额定电流为额定容量的 1.5 倍左右。

二次侧额定电流为

$$630 \times 1.5 = 945\,(A)$$

二次侧熔体保护电流为

$$945 \times (1.2 \sim 1.3) = 1134 \sim 1228.5\,(A)$$

从以上两种低压熔体保护电流估算方法可以看出，估算值基本吻合，读者可任意选用适合自己的口诀估算。

答：高压侧（一次侧）熔体保护电流为 63A（56.7 ~ 75.6A），所以选用 60A 熔体。低压侧（二次侧）熔体保护电流为 1134 ~ 1197A（1134 ~ 1228.5A），所以选用 1150A。

【举例 2】 一台 6kV/0.4kV 配电变压器，容量为 1000kV · A，问其一次侧、二次侧熔体保护电流应选用多大?

解：若采用容量除以高压（一次侧电压）来估算一次侧熔体保护电流，则为

$$1000 \div 6 \approx 167\,(A)$$

即估算其一次侧熔体保护电流为 167A。

若采用先求出配电变压器一次侧额定电流，再乘以 1.5 ~ 2 倍的方法来估算一次侧熔体保护电流。对于 6kV 的配电变压器，其一次侧额定电流为容量的 10% 左右。

一次侧额定电流为

$$1000 \times 10\% = 100\,(A)$$

一次侧熔体保护电流为额定电流的 1.5 ~ 2 倍，即

$$100 \times (1.5 \sim 2) = 150 \sim 200\,(A)$$

从以上两种高压熔体保护电流估算方法可以看出，估算值基本吻合，读者可任意选用适合自己的口诀估算。

而对于配电变压器二次侧熔体保护电流，用本节口诀来估算则为

1000 ×（1.8 ~ 1.9）=1800 ~ 1900（A）

若用先估算出配电变压器二次侧额定电流，再乘以 1.2 ~ 1.3 倍来估算。配电变压器二次侧额定电流为额定容量的 1.5 倍左右。

二次侧额定电流为

1000 × 1.5=1500（A）

二次侧熔体保护电流为

1500 ×（1.2 ~ 1.3）=1800 ~ 1950（A）

从以上两种低压熔体保护电流估算方法可以看出，估算值基本吻合，读者可任意选用适合自己的口诀估算。

答：高压侧熔体保护电流为 167A（150 ~ 200A），所以选用 170A。

低压侧熔体保护电流为 1800 ~ 1900A（1800 ~ 1950A），所以选用 1850A。

【举例 3】一台 35kV/0.4kV 配电变压器，容量为 5000kV·A，问其一次侧、二次侧熔体保护电流应选多大？

解：若采用容量除以高压（一次测电压）来估算一次侧熔体保护电流，则为

5000 ÷ 35 ≈ 142.9（A）

即估算其一次侧熔体保护电流为 142.9A。

若采用先求出配电变压器一次侧额定电流，再乘以 1.5 ~ 2 倍的方法来估算一次侧熔体保护电流。对于 35kV 的配电变压器，其一次侧额定电流为容量的 1.7% 左右。

一次侧额定电流为

5000 × 1.7%=85（A）

一次侧熔体保护电流为额定电流的 1.5 ~ 2 倍，即

85 ×（1.5 ~ 2）=127.5 ~ 170（A）

从以上两种高压熔体保护电流估算方法可以看出，估算值基本吻合，读者可任意选用适合自己的口诀估算。

而对于配电变压器二次侧熔体保护电流，用本节口诀来估算则为

5000 ×（1.8 ~ 1.9）=9000 ~ 9500（A）

若用先估算出配电变压器二次侧额定电流，再乘以 1.2 ~ 1.3 倍来估

算。配电变压器二次侧额定电流为额定容量的 1.5 倍左右。

二次侧额定电流为

$$5000 \times 1.5 = 7500\text{（A）}$$

二次侧熔体保护电流为

$$7500 \times (1.2 \sim 1.3) = 9000 \sim 9750\text{（A）}$$

从以上两种低压熔体保护电流估算方法可以看出，估算值基本吻合，读者可任意选用适合自己的口诀估算。

答：高压侧熔体保护电流为 142.9A（127.5～170A），所以选用 150A。

低压侧熔体保护电流为 9000～9500A（9000～9750A），所以选用 9500A。

2.4　三相电力变压器容量关系估算

口　诀：

> 三相电力变压器容量关系，按 R10 优先系数，
> 即按 10 的开 10 次方的倍数来估算，得出系数 1.25。

说　明：

三相电力变压器的容量关系，是按 R10 优先系数，也就是说，按 10 的开 10 次方的倍数来递增的，估算系数为 1.25。

【举例 1】 一台三相电力变压器，容量为 100kV・A，问与此台变压器相邻的低一级或高一级的三相电力变压器容量是多少？

解：低一级的三相电力变压器容量为

$$100 \div 1.25 = 80\ (\mathrm{kV \cdot A})$$

高一级的三相电力变压器容量为

$$100 \times 1.25 = 125\ (\mathrm{kV \cdot A})$$

答：比 100kV・A 低一级的三相电力变压器容量为 80kV・A，比 100kV・A 高一级的三相电力变压器容量为 125kV・A。

【举例 2】 一台 500kV・A 的三相电力变压器，问比此容量高一级的三相电力变压器容量为多少？

解：

$$500 \times 1.25 = 625\ (\mathrm{kV \cdot A}) \approx 630\ (\mathrm{kV \cdot A})$$

答：比此容量高一级的三相电力变压器容量为 630kV・A。

【举例 3】 能否介绍一下常用三相电力变压器的容量排序。

答：常用三相电力变压器的容量排序为 50kV・A、80 kV・A、100 kV・A、125 kV・A、160 kV・A、200 kV・A、250 kV・A、315 kV・A、400 kV・A、500 kV・A、630 kV・A、800 kV・A、1000 kV・A、1250 kV・A、1600 kV・A、2000 kV・A、2500 kV・A、3150 kV・A、4000 kV・A、5000 kV・A 等。

2.5 常用6kV/0.4kV三相电力变压器高压、低压电流估算

口　诀：

> 6kV高压求电流，百分之十容量求[①]。
> 容量乘以一点五，即为低压的电流[②]。
> 知道压变换算求，高压低压一十五[③]。

说　明：

①“6kV高压求电流，百分之十容量求”。意思是说，高压进户电压为6kV的三相电力变压器，只要知道其容量，用容量乘以10%（0.1）即可求出其高压额定电流。

【举例1】一台6kV/0.4kV的三相电力变压器，容量为315kV·A，问其高压电流为多少安培？

解：　$315\times0.1=31.5$（A）

答：此台三相电力变压器高压额定电流为31.5A。

②“容量乘以一点五，即为低压的电流”。意思是说，只要知道三相电力变压器的容量，用容量直接乘以1.5倍，即为此台变压器的低压电流。

【举例2】一台6kV/0.4kV的三相电力变压器，容量为100kV·A，问其低压电流为多少？

解：　$100\times1.5=150$（A）

答：此台三相电力变压器低压电流为150A。

③“知道压变换算求，高压低压一十五”。意思是说，只要知道三相电力变压器的变压比，用高压电流乘以变压比，即能求出低压电流；反之，用低压电流除以变压比，即能求出高压电流。

对于常用 6kV/0.4kV 三相电力变压器，6kV ÷ 0.4kV=15，其变压比为 15。

【举例 3】 一台 6kV/0.4kV 三相电力变压器，容量为 100kV · A，高压电流为 10A，用两种方法求出其低压电流为多少？

解：这里知道了高压电流，第一种方法是用高压电流直接乘以变压比 15，就可求出低压电流。

$$10 \times 15=150 \text{（A）}$$

第二种方法是用容量乘以 1.5 倍，也可以求出其低压电流。

$$100 \times 1.5=150 \text{（A）}$$

答：经估算，两种方法结果相同，此台三相电力变压器的低压电流为 150A。

【举例 4】 一台 6kV/0.4kV 三相电力变压器，容量为 500kV · A，低压电流为 750A，用两种方法求出其高压电流为多少？

解：这里知道了低压电流，第一种方法是用低压电流直接除以变压比 15，就可求出高压电流。

$$750 \div 15=50 \text{（A）}$$

第二种方法是用容量乘以 0.1 倍，也可以求出其高压电流。

$$500 \times 0.1=50 \text{（A）}$$

答：经估算，两种方法结果相同，此台三相电力变压器的高压电流为 50A。

2.6 常用10kV/0.4kV三相电力变压器高压、低压电流估算

口 诀:

高压电流怎么算，容量乘以点零六①。
低压电流如何求，容量乘以一倍半②。
高压、低压方便倒，变压比二十五就知道③。

说 明:

①“高压电流怎么算，容量乘以点零六”。意思是说，对于三相进户电压为10kV的电力变压器，用容量乘以0.06，即6%，就可简单地估算出其高压电流。

【举例1】 一台10kV/0.4kV三相电力变压器，容量为1000kV·A，问其高压电流为多少?

解: $1000\times0.06=60$（A）

答：此台三相电力变压器高压电流为60A。

②“低压电流如何求，容量乘以一倍半”。意思是说，对于三相电力变压器，低压侧电压为0.4kV时，其额定电流可按容量的1.5倍来估算。

【举例2】 一台10kV/0.4kV三相电力变压器，容量为630kV·A，问其低压电流为多少?

解: $630\times1.5=945$（A）

答：此台三相电力变压器低压电流为945A。

③“高压、低压方便倒，变压比二十五就知道”。意思是说，对于10kV/0.4kV三相电力变压器，很方便求出其变压比，即$10kV\div0.4kV=25$。根据以上倍算关系可知，只要知道高压电流，想求低压电流，用高压电流乘以变压比25即可；反之，若知道低压电流，用低

压电流除以变压比 25 即为高压电流。

【举例 3】 一台 10kV/0.4kV 三相电力变压器，容量为 400kV · A，高压电流为 24A，用两种方法求出其低压电流为多少？

解：第一种方法，已经知道了高压电流，用高压电流直接乘以变压比 25，就可求出低压电流。

$$24 \times 25 = 600\ (\mathrm{A})$$

第二种方法，用容量乘以 1.5 倍，也可以求出其低压电流。

$$400 \times 1.5 = 600\ (\mathrm{A})$$

答：两种估算方法结果相同，此三相电力变压器的低压电流为 600A。

【举例 4】 一台 10kV/0.4kV 三相电力变压器，容量为 1250kV · A，低压电流为 1875A，用两种方法求出其高压电流为多少？

解：第一种方法，已经知道了低压电流，用低压电流直接除以变压比 25，就可求出高压电流。

$$1875 \div 25 = 75\ (\mathrm{A})$$

第二种方法，用容量乘以 0.06 倍，也可以求出其高压电流。

$$1250 \times 0.06 = 75\ (\mathrm{A})$$

答：两种估算方法结果相同，此三相电力变压器的高压电流为 75A。

2.7 三相电力变压器负荷容量估算

口 诀：

> 三相电力变压器，已知二次负荷流①。
> 此时负荷是多少，估算起来很简单。
> 二次电压乘 1.5②，再乘二次负荷流③。

说 明：

估算三相电力变压器的实际负荷容量，可用本口诀完成。

①“已知二次负荷流”，意思是说，二次负荷流就是此时实际的负荷电流。

②“二次电压乘 1.5”，意思是说，首先要知道三相电力变压器的二次电压，这个很简单，例如，一台容量为 1000kV·A，电压为 10kV/0.4kV 的电力变压器，0.4kV 就是二次电压，也就是说，斜线右边的电压就是二次电压。先用二次电压乘 1.5 得到系数，如 $0.4\times1.5=0.6$，这个 0.6 就是系数。

③“再乘二次负荷流”，用②中估算的系数再乘以实际负荷电流即可得到三相电力变压器此时的实际负荷容量。例如，一台容量为 1000kV·A，电压为 10kV/0.4kV 的三相电力变压器，测得实际二次负荷电流为 700A，那么此时三相电力变压器的实际负荷容量为多少？首先知道三相电力变压器的二次电压为 0.4kV，用 $0.4\times1.5=0.6$，再用系数 0.6 乘以实际负荷电流，即 $0.6\times700=420$（kV·A），经估算后得出三相电力变压器此时实际负荷容量为 420kV·A。

现场实际估算时，只需知道二次电压和二次负荷电流就能轻松估算出此时三相电力变压器的实际负荷容量。

【举例 1】 一台三相电力变压器，二次电压为 35kV，测得负荷电流为 20A，问三相电力变压器此时的实际负荷容量是多少？

解：先用二次电压 35kV 乘以 1.5 算出系数，即

$$35 \times 1.5 = 55$$

再用系数乘以实际负荷电流，即

$$55 \times 20 = 1100 \text{（kV·A）}$$

答：三相电力变压器此时的实际负荷容量为 1100kV · A。

【举例 2】 一台三相电力变压器，二次电压为 10kV，测得负荷电流为 55A，问三相电力变压器此时的实际负荷容量是多少？

解：先用二次电压 10kV 乘以 1.5 算出系数，即

$$10 \times 1.5 = 15$$

再用系数乘以实际负荷电流，即

$$15 \times 55 = 825 \text{（kV·A）}$$

答：三相电力变压器此时的实际负荷容量为 825kV · A。

【举例 3】 一台三相电力变压器，二次电压为 6kV，测得负荷电流为 100A，问三相电力变压器此时的实际负荷容量是多少？

解：先用二次电压 6kV 乘以 1.5 算出系数，即

$$6 \times 1.5 = 9$$

再用系数乘以实际负荷电流，即

$$9 \times 100 = 900 \text{（kV·A）}$$

答：三相电力变压器此时的实际负荷容量为 900kV · A。

【举例 4】 一台三相电力变压器，二次电压为 3kV，测得负荷电流为 135A，问三相电力变压器此时的实际负荷容量？

解：先用二次电压 3kV 乘以 1.5 算出系数，即

$$3 \times 1.5 = 4.5$$

再用系数乘以实际负荷电流，即

$$4.5 \times 135 = 607.5 \text{（kV·A）}$$

答：三相电力变压器此时的实际负荷容量为 607.5kV · A。

【举例 5】 一台三相电力变压器，二次电压为 0.4kV，测得负荷电流为

2000A，问三相电力变压器此时的实际负荷容量？

解：先用二次电压 0.4kV 乘以 1.5 算出系数，即

$$0.4\times1.5=0.6$$

再用系数乘以实际负荷电流，即

$$0.6\times2000=1200\ (\mathrm{kV\cdot A})$$

答：三相电力变压器此时的实际负荷容量为 1200kV · A。

2.8　单相小型变压器容量估算

口　诀：

单相小型变压器，铁心截面估容量。
宽乘厚度再平方，最后再乘零点六。

说　明：

对于小型单相变压器，如行灯变压器、电源变压器、控制变压器、隔离变压器，等等，想要确定其容量时，可通过测量铁心厚度和宽度来估算容量。也就是说，用铁心的宽度（单位：cm）乘以厚度（单位：cm）后再平方，得出数值后再乘以系数 0.6 即可。

【举例 1】 一台小型单相变压器，铭牌丢失。现场测铁心宽度为 50mm，铁心厚度为 60mm，问这台单相变压器的容量大约为多少?

解：　　50mm = 5cm，60mm = 6cm

$$(5\times6)^2\times0.6=540\ (\mathrm{V\cdot A})\approx500\ (\mathrm{V\cdot A})$$

答：这台单相变压器的容量为 500V · A 左右。

【举例 2】 一台行灯变压器，现场测铁心宽度为 35mm，厚度为 44mm，问这台单相变压器的容量大约为多少?

解：　　35mm=3.5cm，44mm=4.4cm

$$(3.5\times4.4)^2\times0.6\approx142.3\ (\mathrm{V\cdot A})\approx150\ (\mathrm{V\cdot A})$$

答：这台单相变压器的容量为 150V · A 左右。

2.9 配电变压器负荷容量估算

口 诀：

> 二次电压一倍半，再乘二次负荷流。

【举例 1】 一台 10kV/0.4kV 三相配电变压器，额定容量 4000kV·A，现测得二次负荷流为 500A，问此时配电变压器的实际负荷容量为多少？

解：二次电压为

$$0.4\text{kV} \times 1.5\text{A} = 0.6\text{kV}$$

实际负荷容量为

$$0.6\text{kV} \times 500\text{A} = 300\text{kW}$$

答：此时配电变压器的实际负荷容量为 300kW。

【举例 2】 一台 35kV/3kV 三相配电变压器，额定容量 4000kV·A，现测得二次电流为 500A，问此时配电变压器的实际负荷容量为多少？

解：二次电压为

$$3\text{kV} \times 1.5 = 4.5\text{kV}$$

实际负荷容量为

$$4.5\text{kV} \times 500\text{A} = 2250\text{kW}$$

答：此时配电变压器的实际负荷容量为 2250kW。

【举例 3】 一台 35kV/6kV 三相配电变压器，额定容量 3150kV·A，现测得二次电流为 150A，问此时配电变压器的实际负荷容量为多少？

解：二次电压为

$$6\text{kV} \times 1.5 = 9\text{kV}$$

实际负荷容量为

$$9\text{kV} \times 150\text{A} = 1350\text{kW}$$

答：此时配电变压器的实际负荷容量为 1350kW。

【举例4】　一台35kV/10kV三相配电变压器，额定容量5000kV·A，现测得二次电流为100A，问此时配电变压器的实际负荷容量为多少?

解：二次电压为

$$10\text{kV} \times 1.5 = 15\text{kV}$$

实际负荷容量为

$$15\text{kV} \times 100\text{A} = 1500\text{kW}$$

答：此时配电变压器的实际负荷容量为1500kW。

【举例5】　一台110kV/35kV三相配电变压器，额定容量5000kV·A，现测得二次电流为50A，问此时配电变压器的实际负荷容量为多少?

解：二次电压为

$$35\text{kV} \times 1.5 = 52.5\text{kV}$$

实际负荷容量为

$$52.5\text{kV} \times 50\text{A} = 2625\text{kW}$$

答：此时配电变压器的实际负荷容量为2625kW。

2.10 已知装机总容量估算配电容量

口 诀：

厂矿要上变配电，算计容量变压器①。
水泥毛纺和钢铁，设备总额变压器②。
机械加工断续用，设备一半变压器③。
除此以外的工厂，七折左右变压器④。
千瓦千伏安不用管，千瓦就顶千伏安⑤。

说 明：

① “厂矿要上变配电，算计容量变压器”。意思是说，工厂要统计全厂设备总装机容量，据此来确定配电变压器的额定容量。工厂的生产性质不同，选用配电变压器容量也不同，大致可分为三种：一种是像水泥厂、毛纺厂、钢铁厂，这样的企业是全额连续工作；另一种是像机械加工厂、造船厂、电气开关厂，这样的企业是断续工作，基本上一半生产设备处于工作状态；最后一种是除上述以外的其他工厂设备，基本上同时工作的生产设备在七成左右。根据工厂的生产性质，在选配变压器容量时，可按照其生产性质来定，即全额、一半、七折。

② “水泥毛纺和钢铁，设备总额变压器”。意思是说，像水泥厂、毛纺厂、钢铁厂等，这种工厂的生产性质都是生产线全额连续工作，也就是说，全厂设备总装机容量就是配电变压器的容量，即有多少千瓦的设备就得配多少千伏安的配电变压器。

③ “机械加工断续用，设备一半变压器”。对于机械厂、造船厂、电气开关厂等，这样的企业设备工作都是断续的，设备利用率极低，基本上近一半左右。所以在选用配电变压器容量时，取一半就行了。也就是说，用全厂设备总装机容量（千瓦）的一半来选配变压器的容量（千伏安）。

④ “除此以外的工厂，七折左右变压器”。对于化工企业、轻工企

业来说，其生产性质介于连续生产和断续生产之间，可按设备总装机容量的 70% 选配变压器的容量。

⑤“千瓦千伏安不用管，千瓦就顶千伏安”。此口诀涉及的设备总装机容量，都是以千瓦为单位，而配电变压器容量则以千伏安为单位。不需要进行换算，千瓦直接对应千伏安了。

【举例 1】 一家毛纺厂，全厂设备总装机容量为 4000kW，问其配电变压器容量为多少?

解：根据毛纺厂的工作性质，全厂设备总装机容量为 4000kW，那么配电变压器容量应为 4000kV · A。考虑负荷性质，选定方案有以下几种。

方案 1：一台 4000kV · A 的配电变压器。

方案 2：四台 1000kV · A 的配电变压器。

方案 3：二台 1000kV · A、一台 2000kV · A 的配电变压器。

方案 4：一台 1000kV · A、一台 3150kV · A 的配电变压器。

方案 5：一台 1600kV · A、一台 2500kV · A 的配电变压器。

方案 6：一台 1250kV · A、一台 3150kV · A 的配电变压器。

上述方案中方案 2 首选，方案 3 次之。

答：该工厂配电变压器容量为 4000kV · A，最好选用四台 1000kV · A 的配电变压器。

【举例 2】 一家炼钢厂，全厂设备总装机容量为 3000kW，问其配电变压器容量为多少?

解：该厂性质同【举例 1】，设备总装机容量为 3000kW，那么配电变压器容量应为 3000kV · A。

选定方案如下：

方案 1：三台 1000kV · A 的配电变压器。

方案 2：一台 2000kV · A、一台 1000kV · A 的配电变压器。

方案 3：一台 3150kV · A 的配电变压器。

方案 4：一台 1000kV · A、一台 2500kV · A 的配电变压器。

答：该工厂配电变压器容量为 3000kV · A，最好选用三台 1000kV · A 的配电变压器；或选用一台 2000kV · A、一台 1000kV · A 的配电变压器。

【举例 3】 一家机械加工厂，全厂设备总装机容量为 270kW，问其配电变压器容量为多少？

解：根据机械加工厂的生产性质，可套用“设备一半变压器”来估算配电变压器的容量，即

$$270 \times 0.5 = 135\ (\mathrm{kV \cdot A})$$

所以确定配电变压器容量为 135kV · A。

选定方案如下：

方案 1：一台 160kV · A 的配电变压器。

方案 2：一台 50kV · A、一台 100kV · A 的配电变压器。

答：该工厂配电变压器容量为 135kV · A，应选用一台 160kV · A 的配电变压器。

【举例 4】 一家化工厂，全厂设备总装机容量为 6300kW，问其配电变压器容量为多少？

解：根据化工厂的生产性质，可套用“除此以外的工厂，七折左右变压器”来估算配电变压器的容量，即

$$6300 \times 0.7 = 4410\ (\mathrm{kV \cdot A})$$

所以确定配电变压器容量为 4410kV · A。

选定方案如下：

方案 1：一台 2000kV · A、一台 2500kV · A 的配电变压器。

方案 2：一台 1250kV · A、一台 3150kV · A 的配电变压器。

答：该工厂配电变压器容量为 4410kV · A，最好选用一台 2000kV · A、一台 2500kV · A 的配电变压器。

常用配电变压器的容量见表 2.1

表 2.1 常用配电变压器容量

50kV·A	80 kV·A	100 kV·A	125 kV·A
160 kV·A	200 kV·A	250 kV·A	315 kV·A
400 kV·A	500 kV·A	630 kV·A	800 kV·A
1000 kV·A	1250 kV·A	1600 kV·A	2000 kV·A
2500 kV·A	3150 kV·A	4000 kV·A	5000 kV·A

2.11　单相变压器一次侧、二次侧额定电流估算

口　诀：

单相变压器，供电电压不相同。
欲求一、二次侧的额流，必须通过 1 来求①。
1 除以电压是系数②，系数再乘容量值③。
一次、二次侧各算各，电压对应别搞错④。

说　明：

①“欲求一、二次侧的额流，必须通过 1 来求”。意思是说，估算单相变压器一次侧、二次侧的电流，必须先用数字 1 进行简单的计算。

②“1 除以电压是系数”。意思是说，用数字 1 除以相应电压值得到一个系数。

③“系数再乘容量值”。意思是说，用数字 1 除以相应电压后得到系数，再乘以此台单相变压器的容量，就是相应的一次侧或二次侧的额定电流值。

④“一次、二次侧各算各，电压对应别搞错”。意思是说，估算一次侧电流时，先用数字 1 除以一次侧电压，得出的系数再乘以容量；估算二次侧额定电流时，则先用数字 1 除以二次侧电压，得出的系数再乘以容量。

【举例 1】 一台 0.4kV/0.23kV 单相变压器，额定容量为 30kV·A，问其一次侧和二次侧额定电流各为多少？

解：用数字 1 除以一次侧电压，即 $1\div0.4=2.5$，这是一次侧电压为 0.4kV 时的系数。

用数字 1 除以二次侧电压，即 $1\div0.23\approx4.35$，这是二次侧电压为 0.23kV 时的系数。

一次侧额定电流为

$$2.5 \times 30 = 75\ (\text{A})$$

二次侧额定电流为

$$4.35 \times 30 = 130.5\ (\text{A})$$

答：单相变压器一次侧额定电流为 75A，二次侧额定电流为 130.5A。

【举例 2】 一台 3.3kV/0.4kV 单相变压器，额定容量为 50kV · A，问其一次侧和二次侧额定电流各为多少？

解：用数字 1 除以一次侧电压，即 $1 \div 3.3 \approx 0.3$，这是一次侧电压为 3.3kV 时的系数。

用数字 1 除以二次侧电压，即 $1 \div 0.4 = 2.5$，这是二次侧电压为 0.4kV 时的系数。

一次侧额定电流为

$$0.3 \times 50 = 15\ (\text{A})$$

二次侧额定电流为

$$2.5 \times 50 = 125\ (\text{A})$$

答：其单相变压器一次侧额定电流为 15A，二次侧额定电流为 125A。

【举例 3】 一台 6.3kV/0.4kV 单相变压器，额定容量为 100kV · A，问其一次侧和二次侧额定电流各为多少？

解：用数字 1 除以一次侧电压，即 $1 \div 6.3 \approx 0.16$，这是一次侧电压为 6.3kV 时的系数。

用数字 1 除以二次侧电压，即 $1 \div 0.4 = 2.5$，这是二次侧电压为 0.4kV 时的系数。

一次侧额定电流为

$$0.16 \times 100 = 16\ (\text{A})$$

二次侧额定电流为

$$2.5 \times 100 = 250\ (\text{A})$$

答：单相变压器一次侧额定电流为 16A，二次侧额定电流为 250A。

【举例 4】 一台 10kV/0.4kV 单相变压器，额定容量为 50kV · A，问其一次侧和二次侧额定电流各为多少？

解：用数字 1 除以一次侧电压，即 $1 \div 10 = 0.1$，这是一次侧电压为 10kV

时的系数。

用数字 1 除以二次侧电压，即 1 ÷ 0.4=2.5，这是二次侧电压为 0.4kV 时的系数。

一次侧额定电流为

$$0.1 \times 50 = 5\ (\text{A})$$

二次侧额定电流为

$$2.5 \times 50 = 125\ (\text{A})$$

答：单相变压器一次侧额定电流为 5A，二次侧额定电流为 125A。

【举例 5】 一台 23kV/0.23kV 单相变压器，额定容量为 100kV · A，问其一次侧和二次侧额定电流各为多少？

解：用数字 1 除以一次侧电压，即 1 ÷ 23≈0.043，这是一次侧电压为 23kV 时的系数。

用数字 1 除以二次侧电压，即 1 ÷ 0.23≈4.35，这是二次侧电压为 0.23kV 时的系数。

一次侧额定电流为

$$0.043 \times 100 = 4.3\ (\text{A})$$

二次侧额定电流为

$$4.35 \times 100 = 435\ (\text{A})$$

答：单相变压器一次侧额定电流为 4.3A，二次侧额定电流为 435A。

【举例 6】 一台 27.5kV/0.4kV 铁路专用单相变压器，额定容量为 63kV · A，问其一次侧和二次侧额定电流各为多少？

解：用数字 1 除以一次侧电压，即 1 ÷ 27.5≈0.036，这是一次侧电压为 27.5kV 时的系数。

用数字 1 除以二次侧电压，即 1 ÷ 0.4=2.5，这是二次侧电压为 0.4kV 时的系数。

一次侧额定电流为

$$0.036 \times 63 \approx 2.27\ (\text{A})$$

二次侧额定电流为

$$2.5 \times 63 = 157.5\ (\text{A})$$

答：单相变压器一次侧额定电流为 2.27A，二次侧额定电流为 157.5A。

2.12　三相电力变压器一次侧、二次侧电流估算

口　诀：

不同电压等级的电力变压器，
要算出其一、二次电流很容易。
知道电压套用公式$\frac{1}{\sqrt{3}}u_N$，
各种供电电压系数全部搞定。
知道系数乘以变压器其容量，
得出各种电压等级一次电流。
知道 u_N400V，得出系数 1.5，
知道 u_N6kV，得出系数 0.1，
知道 u_N10kV，得出系数 0.06，
知道 u_N35kV，得出系数 0.016。

说　明：

目前，电网供电高压（一次侧）电压等级很多，有 6kV、10kV、35kV、110kV、220kV 等。用公式$\frac{1}{\sqrt{3}}u_N$可以很简单地计算出系数，即

u_N 为 400V 时，$\frac{1}{\sqrt{3}}u_N \approx 1.443 \approx 1.5$；

u_N 为 6kV 时，$\frac{1}{\sqrt{3}}u_N \approx 0.096 \approx 0.1$；

u_N 为 10kV 时，$\frac{1}{\sqrt{3}}u_N \approx 0.0577 \approx 0.06$；

u_N 为 35kV 时，$\frac{1}{\sqrt{3}}u_N \approx 0.0164 \approx 0.016$；

u_N 为 110kV 时，$\frac{1}{\sqrt{3}}u_N \approx 0.0052 \approx 0.005$；

u_N 为 220kV 时，$\frac{1}{\sqrt{3}}u_N \approx 0.00262 \approx 0.0026$。

算出系数后，再用容量乘以对应的系数即可求出额定电流来。

【举例 1】一台进户电压为 6kV 的三相电力变压器，其容量为 315kV·A，二次侧电压为 400V（0.4kV），问其一次侧、二次侧电流各为多少？

解：一次测电压为 6kV 时，系数为 0.1。

一次侧电流为

$$315 \times 0.1 = 31.5 \text{（A）}$$

二次侧电压为 400V 时，系数为 1.5。

二次侧电流为

$$315 \times 1.5 = 472.5 \text{（A）}$$

答：其一次侧电流为 31.5A，二次侧电流为 472.5A。

【举例 2】一台进户电压为 10kV 的三相电力变压器，其容量为 400kV·A，二次侧电压为 400V（0.4kV），问其一次侧、二次侧电流各为多少？

解：一次侧电压为 10kV 时，系数为 0.06。

一次侧电流为

$$400 \times 0.06 = 24 \text{（A）}$$

二次侧电压为 400V 时，系数为 1.5。

二次侧电流为

$$400 \times 1.5 = 600 \text{（A）}$$

答：其一次侧电流为 24A，二次侧电流为 600A。

【举例 3】一台进户电压为 35kV 的三相电力变压器，其容量为 1000kV·A，二次侧电压为 400V（0.4kV），问其一次侧、二次侧电流各为多少？

解：一次侧电压为 35kV 时，系数为 0.016。

一次侧电流为

$$1000 \times 0.016 = 16 \text{（A）}$$

二次侧电压为 400V 时，系数为 1.5。

二次侧电流为

$$1000 \times 1.5 = 1500\ (\mathrm{A})$$

答：其一次侧电流为16A，二次侧电流为1500A。

【举例4】 一台进户电压为110kV的三相电力变压器，其容量为10000kV·A，二次侧电压为35kV，问其一次侧、二次侧电流各为多少？

解：一次侧电压为110kV时，系数为0.005。

一次侧电流为

$$10000 \times 0.005 = 50\ (\mathrm{A})$$

二次侧电压为35kV时，系数为0.016。

二次侧电流为

$$10000 \times 0.016 = 160\ (\mathrm{A})$$

答：其一次侧电流为50A，二次侧电流为160A。

【举例5】 一台220kV/35kV三相电力变压器，其容量为10000kV·A，问其一侧次、二次侧电流各为多少？

解：一次侧电压为220kV时，系数为0.0026。

一次侧电流为

$$10000 \times 0.0026 = 26\ (\mathrm{A})$$

二次侧电压为35kV时，系数为0.016。

二次侧电流为

$$10000 \times 0.016 = 160\ (\mathrm{A})$$

答：其一次侧电流为25A，二次侧电流为160A。

2.13　各类电压等级三相电力变压器一次侧额定电流估算

口　诀：

> 要算各类电变一次流，先要记住此数 0.6[①]。
> 此数除以额定一次压[②]，得出系数再乘容量求[③]。

说　明：

常用的各类电压等级的三相电力变压器有 0.4kV、3kV、6kV、10kV、35kV、110kV、220kV 等。若要计算或估算三相电力变压器一次侧电流，比较繁杂，不易记忆。

①“要算各类电变一次流，先要记住此数0.6”。本口诀的关键数是0.6，只要记住 0.6 这个数，各类电压等级的三相电力变压器一次侧额定电流都可以轻松估算。

② “此数除以额定一次压”。意思是说，用数字 0.6 除以三相电力变压器的一次侧额定电压，得出另一个系数。例如，一台一次侧电压为 10kV 的三相电力变压器，用 0.6 除以一次侧电压 10，即 $0.6 \div 10=0.06$；一台一次侧电压为 35kV 的三相电力变压器，用 0.6 除以一次侧电压 35，即 $0.6 \div 35 \approx 0.017$。

③ “得出系数再乘容量求”。意思是说，用新得出的系数，乘以三相电力变压器容量，即为此三相电力变压器的一次侧额定电流。

【举例 1】 一台一次侧额定电压为 0.4kV 的三相电力变压器，容量为 80kV · A，问其一次侧额定电流为多少（因只估算一次侧电流，所以二次侧电压未给出）？

解：首先用 0.6 除以三相电力变压器一次侧额定电压 0.4，即

$$0.6 \div 0.4 = 1.5$$

再用 1.5 乘以三相电力变压器的额定容量 80，即

$1.5 \times 80 = 120$（A）

答：其一次侧额定电流为 120A。

【举例 2】 一台一次侧额定电压为 3kV 的三相电力变压器，容量为 250kV·A，问其一次侧额定电流为多少？

解：首先用 0.6 除以三相电力变压器一次侧额定电压 3，即

$0.6 \div 3 = 0.2$

再用 0.2 乘以三相电力变压器的额定容量 250，即

$0.2 \times 250 = 50$（A）

答：其一次侧额定电流为 50A。

【举例 3】 一台一次侧额定电压为 6kV 的三相电力变压器，容量为 100kV·A，问其一次侧额定电流为多少？

解：首先用 0.6 除以三相电力变压器一次侧额定电压 6，即

$0.6 \div 6 = 0.1$

再用 0.1 乘以三相电力变压器的额定容量 100，即

$0.1 \times 100 = 10$（A）

答：其一次侧额定电流为 10A。

【举例 4】 一台一次侧额定电压为 10kV 的三相电力变压器，容量为 500kV·A，问其一次侧额定电流为多少？

解：首先用 0.6 除以三相电力变压器一次侧额定电压 10，即

$0.6 \div 10 = 0.06$

再用 0.06 乘以三相电力变压器的额定容量 500，即

$0.06 \times 500 = 30$（A）

答：其一次侧额定电流为 30A。

【举例 5】 一台一次侧额定电压为 35kV 的三相电力变压器，容量为 2000kV·A，问其一次侧额定电流为多少？

解：首先用 0.6 除以三相电力变压器一次侧额定电压 35，即

$0.6 \div 35 = 0.017$

再用 0.017 乘以三相电力变压器的额定容量 2000，即

$$0.017 \times 2000 = 34 \text{（A）}$$

答：其一次侧额定电流为 34A。

【举例 6】 一台一次侧额定电压为 110kV 的三相电力变压器，容量为 20000kV · A，问其一次侧额定电流为多少？

解：首先用 0.6 除以三相电力变压器一次侧额定电压 110，即

$$0.6 \div 110 \approx 0.00545$$

再用 0.00545 乘以三相电力变压器的额定容量 20000，即

$$0.00545 \times 20000 = 109 \text{（A）}$$

答：其一次侧额定电流为 109A。

【举例 7】 一台一次侧额定电压为 220kV 的三相电力变压器，容量为 10000kV · A，问其一次侧额定电流为多少？

解：首先用 0.6 除以三相电力变压器一次侧额定电压 220，即

$$0.6 \div 220 \approx 0.00273$$

再用 0.00273 乘以三相电力变压器的额定容量 10000，即

$$0.00273 \times 10000 = 27.3 \text{（A）}$$

答：其一次侧额定电流为 27.3（A）。

2.14 变压器并列运行条件

口 诀：

多台配电变压器，最好并列来运行。
一是初、次级电压要相等；二是分接头电压要相同；
三是容量比在 3 倍内；四是相序初、次级需一致；
五是联结组别需一样；六是阻抗电压百分比要相近。

第3章

电动机口诀

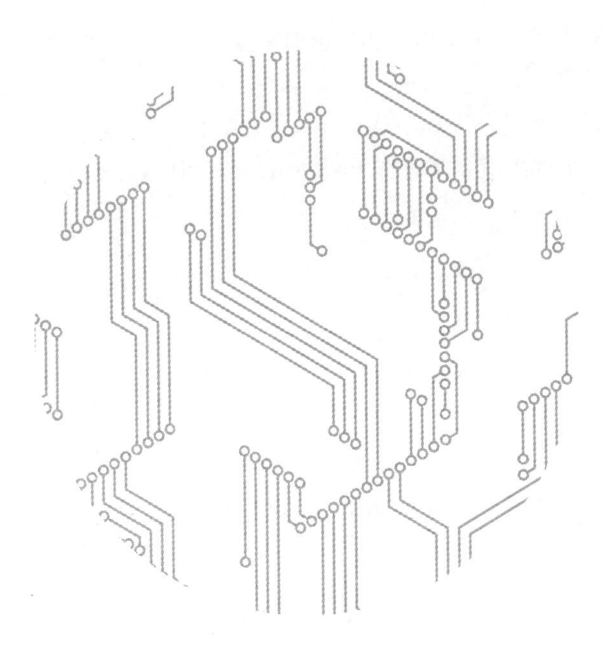

3.1　小型三相异步电动机直接全压启动估算

口　诀：

> 7.5 千瓦以下电动机全压启动，
> 三分之一千伏安。

说　明：

对于 7.5kW 以下的小型三相异步电动机，考虑到不经常进行启动，可以按电动机功率（kW）不超过配电变压器容量的三分之一（30%）进行全压启动。也就是说，配电变压器的容量至少要大于电动机功率的 3 倍。

【举例 1】 一台 7.5kW 的三相异步电动机，问配电变压器的容量最小为多少？

解：　　$7.5\times3=22.5$（kV・A）

靠近此值的配电变压器有 30kV・A，所以其容量至少为 30kV・A。

答：配电变压器容量不小于 30kV・A。

【举例 2】 一台容量为 10kV・A 的配电变压器，能否使一台 5.5kW 的三相异步电动机直接启动？

解：根据口诀，小型电动机若想全压启动，配电变压器的容量不可少于电动机功率的 3 倍。

$5.5\times3=16.5$（kV・A）

查配电变压器手册，靠近此值的配电变压器为 20kV・A。所以，10kV・A 的配电变压器不能胜任，至少需要 20kV・A 的配电变压器才能使 5.5kW 的三相异步电动机直接启动。

3.2 小型三相异步电动机改单相电容量估算

口 诀：

小型三相电机改单相，工作电容如何算。
Y形千瓦乘58，△千瓦乘98。
由于电压降低转矩低，上述只适空载来启动。
若要带载来启动，需将启动电容配。
Y形、△形都一样，一个千瓦2.8倍。

说 明：

对于小容量的三相交流异步电动机，改为单相使用是可行的，这里必须提到的是，由于电动机电源电压原来为380V，现改为220V，电动机输出转矩必然下降很多，带负载能力变小。

【举例1】 一台0.55kW三相交流异步电动机改单相使用，Y形接法。问轻载时，如何选配工作电容？若带载启动，启动电容又为多少？

解：轻载时，Y形接法，工作电容为

$$0.55\times 58=31.9\,(\mu F)\approx 32\,(\mu F)$$

带载时，启动电容为

$$32\times 2.8=89.6\,(\mu F)\approx 90\,(\mu F)$$

答：此电动机工作电容为32μF，启动电容为90μF。

【举例2】 一台1.1kW三相交流异步电动机改单相使用，△形接法。问带载启动时，工作电容及启动电容应如何选配？

解：此电动机绕组为△形接法，带载启动时，最好配上启动电容器。

工作电容为

$$1.1\times 98\approx 108\,(\mu F)$$

启动电容为

$$108\times2.8\approx302\ (\mu F)$$

答：此电动机工作电容为 108μF，启动电容为 302μF。

3.3 单相 220V 电动机额定电流估算

口 诀：

单相 220V 电动机，额定电流 8 安多。

说 明：

家庭所用的各种单相电动机，以及农村机井抽水电机、装修用的电刨子电机、装修用压缩空气泵电机等，均可按每千瓦 8A 来估算额定。

【举例 1】一台装修用气泵电动机，220V、750W，问其额定电流为多少？

解： 750W=0.75kW

0.75×8=6（A）

答：此气泵电动机额定电流为 6A。

【举例 2】 一台木工电锯，单相 220V，电动机功率为 600W，问其额定电流为多少？

解： 600W=0.6kW

0.6×8=4.8（A）

答：此电锯电动机额定电流为 4.8A。

【举例 3】 一台交流单相 220V，13mm 夹头式手电钻，电动机功率为 500W，问其额定电流为多少？

解： 500W=0.5kW

0.5×8=4（A）

答：此手电钻电动机额定电流为 4A。

【举例 4】 一台家用电冰箱，容量 180L，电动机功率为 140W，问其额定电流为多少？

解：　　140W=0.14kW

　　　　0.14×8=1.12（A）

答：此电冰箱电动机额定电流为 1.12A。

【举例 5】一台家用吊扇，电动机功率为 120W，问其额定电流为多少？

解：　　120W=0.12kW

　　　　0.12×8=0.96（A）

答：此吊扇电动机额定电流为 0.96A。

【举例 6】一台家用厨房排气扇，电动机功率为 80W，问其额定电流为多少？

解：　　80W=0.08kW

　　　　0.08×8=0.64（A）

答：此排气扇电动机额定电流为 0.64A。

3.4 三相 380V 异步电动机额定电流估算

口 诀：

> 三相三百八十伏，交流异步电动机。
> 额定电流是多少，容量千瓦乘 2 倍。

说 明：

交流三相 380V 异步电动机，如何估算出它的额定电流呢？根据口诀可知，只要知道三相异步电动机的容量，用容量乘以 2 倍即可。为什么呢？主要根据以下公式进行估算。

$$I_N = \frac{P_N}{\sqrt{3}U_N\cos\varphi\eta}$$

【举例 1】 一台 Y-112M-4 三相异步电动机，电压为 380V，功率为 4kW，问其额定电流是多少？

解： $4 \times 2 = 8$（A）

答：三相异步电动机额定电流为 8A。

【举例 2】一台 Y100L1-4 三相异步电动机，电压为 380V，功率为 2.2kW，问其额定电流是多少？

解： $2.2 \times 2 = 4.4$（A）

答：三相异步电动机额定电流为 4.4A。

3.5　三相 380V 异步电动机空载电流估算

口　诀：

6 极以下异步电动机，额流三分之一是空流。
8 极以上异步电动机，容量千瓦空流值。

说　明：

在实际工作中，经常需要对电动机进行空载电流测试，特别是修理后的电动机，以此判断电动机修理质量的好坏，能否满足正常生产使用。

通常，6 极以下的三相异步电动机的空载电流，基本上是额定电流的三分之一左右；8 极以上的三相异步电动机，其空载电流基本上等于电动机的容量（kW）；容量偏小的异步电动机，其空载电流基本上也等于电动机的容量（kW）。

【举例 1】 一台 Y132S2-2 型三相异步电动机，其额定容量为 7.5kW，额定电流为 15A，问其空载电流为多少？

解：此三相异步电动机为 6 极以下，空载电流按额定电流的三分之一来估算，即

$$15\times\frac{1}{3}=5\text{（A）}$$

答：其空载电流为 5A。

【举例 2】 一台 Y200L2-6 型三相异步电动机，其额定容量为 22kW，额定电流为 45A，问其空载电流为多少？

解：此三相异步电动机为 6 极以下，空载电流按额定电流的三分之一来估算，即

$$45\times\frac{1}{3}=15\text{（A）}$$

答：其空载电流为 15A。

【举例 3】 一台 Y280S-8 型三相异步电动机，其额定容量为 37kW，额定电流为 78A，问其空载电流为多少？

解：此三相异步电动机为 8 极以上，空载电流基本上为该电动机的标称额定容量，即额定容量为 37kW，空载电流为 37A。

答：其空载电流为 37A。

【举例 4】 一台 Y315S-10 型三相异步电动机，其额定容量为 45kW，额定电流为 99A，问其空载电流为多少？

解：此三相异步电动机为 8 极以上，空载电流基本上为该电动机的标称额定容量，即额定容量为 45kW，空载电流为 45A。

答：其空载电流为 45A。

【举例 5】 一台 Y90L-8 型三相异步电动机，其额定容量为 1.1kW，额定电流为 3.2A，问其空载电流为多少？

解：此三相异步电动机可按容量偏小来估算，也就是按 8 极以上的电动机空载电流估算，其空载电流基本上为该电动机的标称额定容量，即额定容量为 1.1kW，空载电流为 1.1A。

答：其空载电流为 1.1A。

3.6　三相高压电动机额定电流估算

口　诀：

估算高压电动机额定电流，必须记住 0.75 这个数①。
用 0.75 除以额定电压②，再乘以高压电动机额定功率③。

说　明：

①“估算高压电动机额定电流，必须记住 0.75 这个数”。对于高压电动机的额定电流，由于涉及不同等级的电压，估算起来比较麻烦。这里只要记住系数 0.75，配合后面的简单计算，即可轻松算出。

②“用 0.75 除以额定电压”。意思是说，用 0.75 这个数去除以高压电动机的额定电压，得出另一个系数。如，一台 10kV 的高压电动机，用 0.75 去除以 10kV，即 0.75 ÷ 10=0.075；若一台 3kV 的高压电动机，用 0.75 去除以 3kV，即 0.75 ÷ 3=0.25，以此类推。

③“再乘以高压电动机额定功率”。意思是说，用②中得出的系数再乘以高压电动机额定功率，即为电动机的额定电流。如，一台 6kV 的高压电动机，容量为 1000kW，问其额定电流为多少？首先，用 0.75 这个数去除以高压电动机额定电压 6kV，得 0.75 ÷ 6=0.125。再用 0.125 这个数去乘以高压电动机额定功率，就得出此高压电动机的额定电流了，即 0.125 × 1000=125（A）。

【举例 1】 一台额定电压 3.3kV 的高压电动机，额定容量为 250kW，问其额定电流为多少？

解：首先用 0.75 除以电动机额定电压 3.3kV，即

$$0.75 \div 3.3 \approx 0.23$$

再用 0.23 乘以电动机额定容量 250kW，即

$$0.23 \times 250 = 57.5\text{（A）}$$

答：其额定电流为 57.5A。

【举例 2】 一台额定电压 10kV 的高压电动机，额定容量为 800kW，求其额定电流为多少?

解：首先用 0.75 除以电动机额定电压 10kV，即

$$0.75 \div 10 = 0.075$$

再用 0.075 乘以电动机额定容量 800kW，即

$$0.075 \times 800 = 60\ (\mathrm{A})$$

答：其额定电流为 60A。

【举例 3】 一台额定电压 6kV 的高压电动机，额定容量为 500kW，问其额定电流为多少?

解：首先用 0.75 除以电动机额定电压 6kV，即

$$0.75 \div 6 = 0.125$$

再用 0.125 乘以电动机额定容量 500kW，即

$$0.125 \times 500 = 62.5\ (\mathrm{A})$$

答：其额定电流为 62.5A。

【举例 4】 一台额定电压 35kV 的高压电动机，额定容量为 250kW，问其额定电流为多少?

解：首先用 0.75 除以电动机额定电压 35kV，即

$$0.75 \div 35 \approx 0.021$$

再用 0.021 乘以电动机额定容量 250kW，即

$$0.021 \times 250 = 5.25\ (\mathrm{A})$$

答：其额定电流为 5.25A。

3.7　各种不同电压的三相电动机电流估算

口　诀：

各种电压三相电动机，电流计算挺费时[1]。
记住系数零点八，除以电机电压千伏数[2]；
再用商数乘容量，得出电机电流安培数[3]。

说　明：

①“各种电压三相电动机，电流计算挺费时”。这里指的是 220V、380V、660V、1140V、3000V、6000V、10000V 等各种电压的三相电动机，估算其额定电流。电压单位取 kV，即 0.22kV（或 0.23kV）、0.38kV（或 0.4kV）、0.66kV、1.14kV、3kV、6kV、10kV。

实际上，电流估算还是根据下面公式得出：

$$I_N=\frac{P_N}{\sqrt{3}U_N\cdot\cos\varphi\cdot\eta}$$

式中，I_N 为三相电动机的额定电流，A；P_N 为三相电动机的额定容量，kW；U_N 为三相电动机的电源电压，kV；$\cos\varphi$ 为三相电动机的功率因数；η 为三相电动机的效率。

②“记住系数零点八，除以电机电压千伏数”。意思是说，用系数 0.8 直接除以三相电动机的额定电压千伏数。

例如：

220V（0.22kV）的三相电动机用 $0.8\div0.22\approx3.6$

380V（0.38kV）的三相电动机用 $0.8\div0.38\approx2.1$

660V（0.66kV）的三相电动机用 $0.8\div0.66\approx1.2$

1140V（1.14kV）的三相电动机用 $0.8\div1.14\approx0.7$

3000V（3kV）的三相电动机用 $0.8\div3\approx0.27$

6000V（6kV）的三相电动机用 $0.8\div6\approx0.13$

10000V（10kV）的三相电动机用 $0.8\div10=0.08$

以上得出的数据，实际上是各种不同电压的电动机每千瓦的电流数。

③ “再用商数乘容量，得出电机电流安培数”。也就是说，

220V（0.22kV）时，用3.6乘以三相电动机的额定容量

380V（0.38kV）时，用2.1乘以三相电动机的额定容量

660V（0.66kV）时，用1.2乘以三相电动机的额定容量

1140V（1.14kV）时，用0.7乘以三相电动机的额定容量

3000V（3kV）时，用0.27乘以三相电动机的额定容量

6000（6kV）时，用0.13乘以三相电动机的额定容量

10000V（10kV）时，用0.08乘以三相电动机的额定容量

【举例1】 一台电压为220V的三相电动机，额定容量为22kW，问其额定电流为多少？

解：220V（0.22kV）三相电动机，

$$0.8\div0.22\approx3.6$$

$$3.6\times22=79.2\text{（A）}$$

答：此台220V，22kW三相电动机的额定电流为79.2A。

【举例2】 一台型号为Y250M-2，电压为380V的三相电动机，额定容量为55kW，问其额定电流为多少？

解：380V（0.38kV）三相电动机，

$$0.8\div0.38\approx2.1$$

$$2.1\times55=115.5\text{（A）}$$

答：此台380V，55kW三相电动机的额定电流为115.5A。

【举例3】 一台型号为YBK2-280S-6，电压为660V的三相电动机，额定容量为45kW，问其额定电流为多少？

解：660V（0.66kV）的三相电动机，

$$0.8\div0.66\approx1.2$$

$$1.2\times45=54\text{（A）}$$

答：此台660V，45kW三相电动机的额定电流为54A。

【举例4】 一台电压为1140V（1.14kV）的三相电动机，额定容量为

55kW，问其额定电流为多少？

解：1140V（1.14kV）的三相电动机，

$$0.8 \div 1.14 \approx 0.7$$

$$0.7 \times 55 = 38.5\text{（A）}$$

答：此台 1140V，55kW 三相电动机的额定电流为 38.5A。

【举例 5】 一台电压为 3kV 的三相电动机，额定容量为 250kW，问其额定电流为多少？

解：3kV 的三相电动机，

$$0.8 \div 3 \approx 0.27$$

$$0.27 \times 250 = 67.5\text{（A）}$$

答：此台 3kV，250kW 三相电动机的额定电流为 67.5A。

【举例 6】 一台型号为 Y3553-2，电压为 6kV 的三相电动机，额定容量为 280kW，问其额定电流为多少？

解：6kV 的三相电动机，

$$0.8 \div 6 \approx 0.13$$

$$0.13 \times 280 = 36.4\text{（A）}$$

答：此台 6kV，280kW 三相电动机的额定电流为 36.4A。

【举例 7】 一台型号为 YKK9006-8，电压为 10kV 的三相电动机，额定容量为 2500kW，问其额定电流为多少？

解：10kV 的三相电动机，

$$0.8 \div 10 \approx 0.08$$

$$0.08 \times 2500 = 200\text{（A）}$$

答：此台 10kV，2500kW 的三相电动机的额定电流为 200A。

3.8 三相380V异步电动机启动电流估算（一）

口 诀：

> 鼠笼异步电动机，三相交流三百八。
> 知道容量千瓦数，10～14倍为启流。

说 明：

这里要讲的是知道三相380V异步电动机的容量，如何估算出电动机的启动电流。

【举例1】 一台Y200L2-6的三相380V异步电动机，容量为22kW，问其启动电流为多少？

解： 22×（10～14）=220～308（A）

查电工手册，经计算后为290A。

答：其电动机启动电流为290A。

【举例2】 一台Y355M1-4的三相380V异步电动机，容量为200kW，问其启动电流为多少？

解： 200×（10～14）=2000～2800（A）

查电工手册，经计算后为2569A。

答：其电动机启动电流为2569A。

3.9　三相 380V 异步电动机启动电流估算（二）

口　诀：

电压交流三百八，三相交流电动机。
先知额流再算启，额流乘以 5 至 7。

说　明：

对于三相 380V 交流异步电动机，知道电动机的额定电流，也可以估算出启动电流，通常，启动电流是额定电流的 5～7 倍。

【举例 1】 一台三相 380V 交流异步电动机，型号为 Y225M-8，容量为 22kW，额定电流为 47.6A，问其启动电流为多少?

解：　　47.6×（5～7）=238～337（A）

查电工手册，此电动机启动电流为额定电流的 6 倍，经计算为 286A。

答：其电动机启动电流为 286A。

【举例 2】 一台 Y280S-4 的三相 380V 交流异步电动机，容量为 75kW，额定电流为 139.7A，问其启动电流为多少?

解：　　139.7×（5～7）=698.5～977.9（A）

查电工手册，此电动机启动电流为额定电流的 7 倍，经计算为 977.9A。

答：其电动机启动电流为 977.9A。

3.10　三相 380V 异步电动机 Y-△启动电流估算

口　诀：

> Y 启电流为多少，全压启流三分之一①。
> 需要熔体来保护，额定电流基本够②。
> 启动时间需多少，容量开方乘 2 加 4 秒③。
> 过载保护咋整定？容量乘以一点一五④。
> Y 启电压为多少，380V 除以 0.58 求⑤。
> Y 启转矩牛顿米，9550 乘容量除以转速再除以 3⑥。
> Y 启转矩千克力米，975 乘容量除以转速再除以 3⑦。

说　明：

①“Y 启电流为多少，全压启流三分之一”。意思是说，电动机全压直接启动电流是电动机额定电流的 5～7 倍，通常按 7 倍估算，而电动机额定电流是电动机容量的 2 倍。由此可以推算出，电动机的启动电流为电动机容量的 14 倍，也就是说，电动机每千瓦的启动电流为 14A 左右。而电动机 Y-△形启动时，其 Y 形启动的启动电流较小，仅为△形全压直接启动时启动电流的 1/3，14A ÷ 3≈4.7A，也就是说，Y 形启动时的启动电流为每千瓦 4.7A 左右。

【举例 1】 一台型号为 Y225S-4 的三相 380V 异步电动机，额定容量为 37kW，额定电流为 69.8A，Y-△形降压启动，问 Y 形启动时，其启动电流为多少？

解：先计算电动机△全压启动时的启动电流，

$$69.8\text{A}\times 7=488.6\text{A}$$

Y 形启动时的启动电流为全压启动时的 1/3，即

$$488.6\text{A}\times \frac{1}{3}\approx 162.9\text{A}$$

答：Y 形启动时，该电动机的启动电流为 162.9A。

【举例 2】 一台型号为 Y315S-6 的三相 380V 异步电动机，额定容量为 75kW，Y-△形降压启动。问 Y 形启动时，启动电流为多少？

解：通过说明①直接换算，电动机 Y 形启动时的启动电流为每千瓦 4.7A 左右，即，

$75 \times 4.7 = 352.5$（A）

用口诀“Y 启电流为多少，全压启流三分之一”来换算：

电动机额定电流为 $75 \times 2 = 150$（A）

电动机全压启动电流为 $150 \times 7 = 1050$（A）

电动机 Y 形启动电流为 $1050 \div 3 = 350$（A）

经换算后结果基本一致。

答：此电动机 Y 形启动时的启动电流为 352.5A。

② “需要熔体来保护，额定电流基本够”。意思是说，电动机 Y-△启动控制时，电动机采用熔断器作为过流短路保护。由于电动机 Y 形启动后，其△形运转电流很小，仅大于电动机额定容量值，所以熔断器的熔体电流是按电动机的额定电流来选择的，基本上是按照电动机额定容量的 2 倍选择的。其值可略微适当放宽一点，再增加 5% ~ 10% 也行。

【举例 3】 一台型号为 Y160L-4 的三相 380V 异步电动机，额定容量为 15kW，问 Y-△形启动电路中，电动机熔体保护电流应选多大？

解：按电动机额定容量的 2 倍选择熔体电流，

$15 \times 2 = 30$（A）

适当放宽熔体电流 5% ~ 10%，则为：

$30 + 30 \times (5\% \sim 10\%)$

$= 30 + (1.5 \sim 3)$

$= 31.5 \sim 33$（A）

查电工手册，可选 RL1-60 型熔断器，芯 35A。

答：电动机熔体保护电流估算为 30A，适当放宽 5% ~ 10% 后其电流为 31.5 ~ 33A，可选用 RL1-60 型熔断器，芯 35A。

【举例 4】 一台型号为 Y280S-6 的三相 380V 异步电动机，额定容量为 45kW，额定电流为 85.4A，问在 Y-△形启动电路中，电动机熔体保护应选多大？

解：电动机额定电流为 85.4A，那么熔体保护可按此值选择，也为 85.4A。

查电工手册，可选用 RL1-100 型熔断器，芯 100A。若适当放宽熔体电流 5%～10%，则为

85.4+85.4×（5%～10%）

=85.4+（4.27～8.54）

≈89.7～93.9（A）

也同样选用 RL1-100 型熔断器，芯 100A。

答：可选用 RL1-100 型熔断器，芯 100A。

③“启动时间需多少，容量开方乘 2 加 4 秒”。意思是说，在 Y-△形启动过程中，对启动时间是有要求的，不能过长。那么，如何估算其启动时间呢？很简单，先将电动机的额定容量开方后乘以 2，然后再加 4 秒即可，即$2\sqrt{电动机额定容量P_e}+4s$。其实，通过这个算式得出的启动时间在实际应用中不一定准确，大家只要知道有这么个估算公式就行了。因为启动设备的性质各不相同，启动时间也不能一概而论，以实际工作及经验为主。通常，在 Y-△形启动自动控制电路中，均配置一只转换用的通电延时时间继电器，其延时时间为 0.04～360s。可根据实际现场具体情况，多次试之确定其延时时间。

【举例 5】一台型号为 Y315S-4 的三相 380V 异步电动机，额定容量为 110kW，额定电流为 201.9A，问采用 Y-△形启动时，其延时时间为多长？

解：根据口诀“容量开方乘 2 加 4 秒”得

$$\sqrt{110}\times2+4\approx10.5\times2+4=25(s)$$

答：其延时时间为 25s。

④“过载保护咋整定？容量乘以一点一五”。意思是说，用电动机的额定容量乘以 1.15 即为电动机的动作电流。切记，一定是额定容量的 1.15 倍，不是额定电流的 1.15 倍！

【举例 6】一台型号为 Y225M-8 的三相 380V 异步电动机，额定容量为 22kW，额定电流为 47.6A，问采用 Y-△形降压启动时，其过载保护热继电器如何选择，动作电流如何整定？

解：　　$22\times1.15=25.3$（A）

查电工手册，选用 JR20-63 型，整定电流范围为 24 ~ 36A。也可以选用其他型号产品。如 JR36-63 型，整定电流范围为 20 ~ 32A。可将整定动作电流值 25A 设置在刻度▽位置。

答：其过载保护热继电器可选用 JR20-63 型，整定电流范围为 24 ~ 36A；或选用 JR36-63 型，整定电流范围为 20 ~ 32A。动作电流可设置在 25A 左右。

⑤ “Y 启电压为多少，380V 除以 0.58 求”。意思是说，电动机△全压运转时线电压为 380V，用线电压除以 0.58 后，得出的值为电动机 Y 形启动电压，即 220V 的相电压。

⑥ “Y 启转矩牛顿米，9550 乘容量除以转速再除以 3”。电动机额定转矩公式如下：

$$T_N=9550P_N/n_N$$

式中，T_N 为电动机额定转矩，N · m；P_N 为电动机额定容量，kW；n_N 为电动机额定转速，r/min。

先按上述公式求出电动机全压启动运转时的额定转矩，这也是△形运转时的额定转矩。用电动机全压启动运转时的额定转矩除以 3，就是 Y 形启动时的额定转矩，也就是说，Y 形启动时的额定转矩仅为全压启动运转时的 1/3，其单位为牛顿米（N · m）。

【举例 7】 一台型号为 Y225M-6 型的三相 380V 异步电动机，额定容量为 30kW，额定电流为 59.5A，额定转速为 980r/min，该电动机进行 Y-△形降压启动控制，问 Y 形启动时的额定转矩是多少?

解：先求出全压运转时的额定转矩为

$$9550\times30/980\approx292.3\ (\text{N}\cdot\text{m})$$

再用全压运转时的额定转矩除以 3，得

$$292.3\div3\approx97.4\ (\text{N}\cdot\text{m})$$

答：Y 形启动时的额定转矩为 97.4N · m。

⑦ “Y 启转矩千克力米，975 乘容量除以转速再除以 3”。其意思同⑥，只是电动机额定转矩单位改为千克力米（kgf · m），其公式为

$$T_N=975P_N/n_N$$

式中，T_N 为电动机额定转矩，kgf · m；P_N 为电动机额定容量，kW；n_N 为电动机额定转速，r/min。

【举例 8】 一台型号为 Y200L-4 的三相 380V 异步电动机，额定容量为 30kW，额定电流为 56.8A，额定转速为 1470r/min，该电动机进行 Y-△形降压启动控制，问 Y 形启动时的额定转矩是多少？

解：先求出全压运转时的额定转矩为

$$975 \times 30 \div 1470 \approx 19.9 \text{（kgf · m）}$$

再用全压运转时的额定转矩除以 3，得

$$19.9 \div 3 \approx 6.63 \text{（kgf · m）}$$

答：Y 形启动时的额定转矩为 6.63kgf · m。

3.11 三相380V异步电动机能否直接全压启动估算（一）

口 诀：

> 电机容量除以0.045，商数就是配电数。

说 明：

本口诀用电动机的容量（kW）直接除以0.045，得数就是配电变压器的容量（kV·A）。也就是说，可以满足电动机全压启动的配电变压器容量（kV·A）。常用的配电变压器容量有50、80、100、125、160、200、250、315、400、500、630、800、1000、1250、1600、2000、2500、3150、4000、5000kV·A等。

通常规定，配电变压器容量大于180kV·A，电动机容量小于7kW的三相异步电动机可采用直接启动的方式进行启动。

另外还规定，电动机直接启动时，电压降不允许超过20%，否则将影响其他用电设备的正常工作。

【举例1】 一台三相380V异步电动机，容量为18.5kW，问此台电动机直接全压启动，配电变压器容量为多少？

解： $18.5 \div 0.045 \approx 411$（kV·A）

从计算值看，配电变压器勉强可选用400kV·A，最好选用大一级的500kV·A配电变压器为好。

答：若选用400kV·A配电变压器，有些勉强，最好选大一级的500kV·A配电变压器为好。

【举例2】 一台三相380V异步电动机，容量为30kW，问此台电动机直接全压启动，配电变压器容量为多少？

解： $30 \div 0.045 \approx 666.7$（kV·A）

根据此值查配电变压器容量，选用800kV·A配电变压器。

答：配电变压器容量为800kV·A。

【举例3】 一台三相380V异步电动机，容量为40kW，问容量为1000kV·A的配电变压器能否满足该电动机全压直接启动？

解： $40\div 0.045\approx 889$（kV·A）

从此值上看，小于1000kV·A，正好能满足该电动机全压直接启动。

答：能满足该40kW电动机全压直接启动。

【举例4】 一台三相380V异步电动机，容量为15kW，问容量为250kV·A的配电变压器能否满足该电动机全压直接启动？

解： $15\div 0.045\approx 333$（kV·A）

从此值上看，所需容量值远远地大于250kV·A，肯定不能满足该电动机全压直接启动。

15kW电动机全压直接启动，配电变压器容量不能小于315kV·A，最好是400kV·A。

答：通过计算验证，250kV·A的配电变压器不能满足15kW的三相异步电动机直接全压启动。

3.12　三相 380V 异步电动机能否直接全压启动估算（二）

口　诀：

三相电机直接启，千瓦 22 倍千伏安。

说　明：

对于三相异步电动机来说，启动电流非常大，为电动机额定电流的 5 ~ 7 倍。所以电动机直接全压启动时，压降很大，当电压降大于 20% 时，有可能造成正在工作的设备出现工作不正常或停机问题。为此，三相异步电动机直接全压启动时，其配电变压器容量必须能满足要求。

【举例 1】 一台 380V、18.5kW 的三相异步电动机，想直接全压启动，问配电变压器容量为多大？

解：　　18.5 × 22 = 407（kV · A）

靠近此容量的配电变压器为 400kV · A。

答：可选用 400kV · A 的配电变压器。

【举例 2】 一台 380V、30kW 的三相异步电动机，能否用 500kV · A 的配电变压器进行直接全压启动。

解：　　30 × 22 = 660（kV · A）

答：靠近此容量的配电变压器为 630kV · A。经计算 500kV · A 的配电变压器不能满足 30kW 的三相异步电动机进行直接全压启动。

【举例 3】 一台 1000kV · A 的配电变压器，能否使一台 45kW 的三相异步电动机进行直接全压启动？

解：　　45 × 22 = 990（kV · A）

答：配电变压器容量完全可以满足 45kW 的三相异步电动机进行直接全压启动。

3.13　三相 380V 异步电动机能否直接全压启动估算（三）

口　诀：

一台电动机，能否全压启。
变压器容量，除以 4 倍电机千瓦数，
得出商数再加点七五，此值必须大于或等于 7，
才能保证全压启。
四十千瓦以上的电机，此值降至 6.5。

说　明：

上述口诀根据下面的公式而来：

$$I_{st}/I_N \leqslant \frac{3}{4}+\frac{S_N}{4\times P_e}$$

式中，I_{st} 为电动机全压启动电流，A；I_N 为电动机额定电流，A；S_N 为电源变压器容量，kV · A；P_e 为电动机额定功率，kW。

式中，电动机额定电流 I_N 为电动机额定功率 P_e 的 2 倍。电动机全压启动电流 I_{st} 为电动机额定电流的 7 倍（通常 30kW 以下为 7 倍，40kW 以上为 6.5 倍）。

【举例 1】 一台 30kW 的三相 380V 异步电动机，问此电动机在电源容量为 500kV · A 的情况下能否直接全压启动？

解：　电动机额定电流 = 30 × 2 = 60（A）

电动机启动电流 = 60 × 7 = 420（A）

根据公式：

$$I_{st}/I_N \leqslant \frac{3}{4}+\frac{S_N}{4\times P_e}$$

将数值代入公式得，

$$420/60 \leqslant \frac{3}{4}+\frac{500}{4\times 30}$$

$7 \leqslant 0.75+500/120$

$7 \leqslant 0.75+4.17$

计算后值 4.92 过小，没有大于 7，所以不能进行直接全压启动。

答：此配电电源容量过小，该电动机不能进行直接全压启动。

【举例 2】 一台 22kW 的三相 380V 异步电动机，问此电动机在电源容量为 630kV · A 的情况下能否直接全压启动?

解： 电动机额定电流=22kW × 2=44（A）

电动机启动电流=44 × 7=308（A）

根据公式：

$$I_{st}/I_N \leqslant \frac{3}{4}+\frac{S_N}{4 \times P_e}$$

将数值代入公式得

$$308/44 \leqslant 3/4+\frac{630}{4 \times 22}$$

$7 \leqslant 0.75+630/88$

$7 \leqslant 0.75+7.16$

计算后此值为 7.91，大于 7，所以可以进行直接全压启动。

3.14 三相 380V 异步电动机能否直接全压启动估算（四）

口 诀：

电动机直接全压启动电流，
小于配变低压额定电流的一半。

说 明：

三相 380V 异步电动机的直接全压启动电流很大，为电动机额定功率的 14 倍左右（小容量 30kW 以下的为 14 倍左右；40kW 以上的为 13 倍左右）。有时在计算或估算时，只知道配电变压器能提供多少安培的电流，需要据此判断其能否使某台电动机直接全压启动。

为什么三相 380V 异步电动机的启动电流为电动机功率的 14 倍呢？众所周知，电动机额定电流为电动机功率的 2 倍，其启动电流为额定电流的 7 倍，所以启动电流为电动机功率的 14 倍。例如，一台 10kW 的三相 380V 异步电动机，其启动电流为 $10\times2\times7=140$（A）。也可以这样讲，三相 380V 异步电动机每 kW 的启动电流为 14A。所以，估算出三相 380V 异步电动机的启动电流小于配电变压器额定电流的一半就可以直接全压启动。

【举例 1】 一台配电变压器，额定电流为 375A，问一台 11kW 的三相 380V 异步电动机能否直接全压启动？

解：11kW 的三相 380V 异步电动机，启动电流为额定功率的 14 倍，即

$$11\times14=154\ (\mathrm{A})$$

此值小于配电变压器额定电流的一半，所以，经估算后，可以直接全压启动。

答：可以直接全压启动。

【举例 2】 一台 18.5kW 的三相 380V 异步电动机欲直接启动，问需要容量多大的配电变压器?

解：首先计算 18.5kW 的三相 380V 电动机的启动电流为

$$18.5 \times 2 \times 7 = 259\ (\mathrm{A})$$

估算配电变压器的额定电流

$$259 \times 2 = 518\ (\mathrm{A})$$

在相关章节中已讲过，配电变压器二次侧额定电压为 0.4kV 时，其额定电流为额定容量的 1.5 倍。所以知道配电变压器额定电流求其额定功率时，用 $518 \div 1.5 \approx 345$（kV · A）。

查变压器手册，靠近 345kV · A 的配电变压器容量为 400kV · A。验算一下，400kV · A 的配电变压器额定电流为 $400 \times 1.5 = 600$（A），可以满足 18.5kW 三相 380V 异步电动机直接全压启动。

答：需要 400kV · A 的配电变压器。

3.15　三相 380V 异步电动机能否直接全压启动估算（五）

口　诀：

千伏安除以 22，千瓦全压启动最大数。

说　明：

只要知道配电变压器容量（kV·A），就可以用容量（kV·A）直接除以 22，得出的数值就是能直接全压启动的电动机容量（kW）数。也就是说，这个数值以下的电动机（kW）都可以直接全压启动。

【举例 1】 一台配电变压器容量为 250kV·A，现有一台 18.5kW 的三相 380V 异步电动机，问是否能直接全压启动工作？

解：　$250 \div 22 \approx 11.4$（kW）

$11.4 < 18.5$

所以不能直接全压启动工作。

答：不能直接进行全压启动。

【举例 2】 有一台 500kV·A 的配电变压器，现有一台 22kW 的三相 380V 异步电动机，问能否直接全压启动？

解：　$500 \div 22 \approx 22.7$（kW）

$22.7 > 22$

可以直接全压启动工作。

答：可以直接全压启动。

【举例 3】 某厂配电系统有两台 500kV·A 的配电变压器，一用一备，可以同时并列运行。现有一台 30kW 的三相 380V 异步电动机，问能否在一用一备的情况下直接全压启动？

解：根据题意，一用一备，也就是两台变压器只有一台投入工作，其配电变压器容量为 500kV·A。

$500 \div 22 \approx 22.3$（kW）

$22.3 < 30$

经估算，不能使电动机直接全压启动。

若要让 30kW 的电动机直接全压启动，可将另一台备用的配电变压器也投入工作，两台配电变压器并列运行。此时配电变压器容量变为 500kV·A+500kV·A=1000kV·A。

$1000 \div 22 \approx 45.5$（kW）

$45.5 > 30$

所以两台配电变压器全部投入工作，方能使这台 30kW 的三相 380V 异步电动机实现直接全压启动。

答：一台配电变压器工作时，此电动机不能实现直接全压启动；若将两台配电变压器全部投入工作，此电动机可以实现直接全压启动。

3.16 三相 380V 异步电动机异步转速估算

口 诀：

三相交流异步电动机，极数 2、4、6、8、10……①
极对数 1、2、3、4、5……②
时间频率积 3000③，3000 除以极对数④，
得出下列对应值，3000、1500、1000、750、600……
对应 2、4、6、8、10 极的同步数⑤。
转差率最少几十转，最多不超一百五⑥，
同步减去转差率，得出数来是异步⑦。

说 明：

① 三相交流异步电动机，有 2 极、4 极、6 极、8 极、10 极等多种。

② 每两极为一个极对数，也就是说，2 极电动机的极对数为 1，4 极电动机的极对数为 2，6 极电动机的极对数为 3，8 极电动机的极对数为 4，10 极电动机的极对数为 5，以此类推。

③ 时间 1 分钟为 60 秒，频率为工频 50Hz，用 60s × 50Hz，再除以极对数就得到电动机同步转速 3000r/min，这也是极对数为 1 的 2 极电动机的同步转速。

④ 根据公式 $n_s=60f/P$，计算各极电动机的同步转速。

⑤ 用 3000 分别除以极对数 1、2、3、4、5，得出 2 极、4 极、6 极、8 极、10 极电动机所对应的同步转速，即 3000（2 极）、1500（4 极）、1000（6 极）、750（8 极）、600（10 极）。

⑥ 对于交流异步电动机来说，其转差率基本在 1% ~ 5%，对于容量很小的电动机来说，取 2% ~ 3% 即可。

⑦ 异步转速略微低于同步转速，如小容量的 2 极电动机的异步转速，在 2830 ~ 2890r/min，电动机功率在 0.75 ~ 4kW；5.5kW 以上的 2 极电动机的异步转速，在 2900 ~ 2970r/min；4 极电动机的异步转速在

1390～1480r/min；6 极电动机的异步转速在 910～980r/min；8 极电动机的异步转速在 710～740r/min；10 极电动机的异步转速在 520～570r/min。

3.17 三相 380V 异步电动机同步转速估算

口 诀：

> 极数除以 2，即为极对数。
> 频率 50 赫，时间 60 秒。
> 要知同步转，先将两数乘；
> 除以极对数，得出同步转。

说 明：

$$n_1=60f/P$$

式中，n_1 为电动机同步转速；f 为电流的频率；P 为电动机绕组的磁极对数，每 2 极为 1 极对数，即 2 极电动机极对数为 1；4 极电动机极对数为 2；6 极电动机极对数为 3；8 极电动机极对数为 4；10 极电动机极对数为 5。

通过以上公式可以看出，当极对数 P 等于 1 时（也就是 2 极电动机），它的同步转速为 $60\times50/1=3000$r/min；当极对数 P 等于 2 时（也就是 4 极电动机），它的同步转速为 $60\times50/2=1500$r/min；当极对数 P 等于 3 时（也就是 6 极电动机），它的同步转速为 $60\times50/3=1000$r/min；当极对数 P 等于 4 时（也就是 8 极电动机），它的同步转速为 $60\times50/4=750$r/min；当极对数 P 等于 5 时（也就是 10 极电动机），它的同步转速为 $60\times50/5=600$r/min。

【举例 1】 一台型号为 Y132S-8 的三相 380V 异步电动机，电源电压 380V，频率 50Hz，问其电动机同步转速是多少？

解：从电动机型号上可以看出，此电动机为 8 极电动机，它的极对数应为 $8\div2=4$。

根据公式

$$n_1=60f/P=60\times50/P=3000/4=750\text{r/min}$$

答：其电动机同步转速为 750r/min。

【举例 2】 一台型号为 Y160M1-2 的三相 380V 异步电动机，电源电压 380V，频率 50Hz，问其电动机同步转速是多少？

解：从电动机型号上可以看出，此电动机为 2 极电动机，它的极对数应为 $2 \div 2=1$。

根据公式

$$n_1=60f/P=60 \times 50/P=3000/1=3000\text{r/min}$$

答：其电动机同步转速为 3000r/min。

3.18 三相 380V 异步电动机熔体保护估算

口 诀：

> 常用中型以下电动机，过电流保护非常重要。
> 过电流熔体要选好，电机额定电流两倍。

说 明：

用两倍电动机额定电流来选用电动机的保护熔体较为妥当。理由是电动机额定电流是铭牌或资料上给出的，此值相对准确。下面给出功率相同、极数不同的电动机，看看它们的额定电流相差多少？

Y225M-2 型三相异步电动机，电压 380V，容量为 45kW，额定电流为 83.9A。

Y225M-4 型三相异步电动机，电压 380V，容量为 45kW，额定电流为 84.2A。

Y280S-6 型三相异步电动机，电压 380V，容量为 45kW，额定电流为 85.4A。

Y280M-8 型三相异步电动机，电压 380V，容量为 45kW，额定电流为 93.2A。

Y315S-10 型三相异步电动机，电压 380V，容量为 45kW，额定电流为 100.2A。

从上述内容可以看出，功率同样为 45kW，但由于电动机极数的不同，其额定电流也不相同，特别是 2 极电动机的额定电流为 83.9A，而 10 极电动机的额定电流为 100.2A，两者相差 100.2 − 83.9=16.3A。所以，用额定电流乘以 2 倍，选择保护熔体较为妥当一些。

【举例 1】 一台 Y200L-4 型三相异步电动机，电压 380V，容量为 30kW，额定电流为 56.8A，问其电动机保护熔体应选多大？

解： $56.8\text{A}\times 2=113.6\text{A}$

答：其电动机保护熔体应为 125A。

【举例 2】 一台 Y160M1-2 型三相异步电动机，电压 380V，容量为 11kW，额定电流为 21.8A，问其电动机保护熔体应选多大？

解：　　$21.8A \times 2 = 43.6A$

答：其电动机保护熔体应为 50A。

3.19 三相380V异步电动机过载保护热继电器整定电流估算

口 诀：

> 三相380V电动机，7kW以下直接启[①]，
> 10kW以上需降启[②]。直接启动热继电器，
> 整定电流为额定电流的0.95～1.05倍。
> Y-△降压启动热继电器，三种方法都能求。
> 一是容量乘8除以7，二是容量乘以1.15，
> 三是额定电流的0.58倍。

说 明：

① 对于三相380V异步电动机来说，规定7kW以下可以直接启动。电动机直接启动时，虽然启动电流很大，通常为额定电流的5～7倍，但由于启动时间很短，所以不会影响过载保护热继电器的正常工作。对于电动机直接全压启动工作，其过载保护热继电器的整定电流按照电动机额定电流值的0.95～1.05倍设置，也可以按电动机容量的2倍左右设置。

【举例1】 一台型号为Y132M2-6的三相380V异步电动机，额定容量为5.5kW，额定电流为12.6A，问过载保护热继电器整定电流应为多少？

解：已知电动机的额定电流为12.6A，那么热继电器的整定电流应为额定电流的0.95～1.05倍，即，

$$12.6\times(0.95\sim1.05)$$
$$=11.97\sim13.23\text{（A）}$$

查询热继电器产品样本，可选用JRS2-25型，整定电流范围为10～16A；或选用JR20-16型，整定电流范围为10～14A；或选用CDR2-25型，整定电流范围为10～14A；或选用JR36-20型，整定电流范围为10～16A。

答：可选用以上多种热继电器产品。整定电流基本上为10～16A或

10～14A等。

【举例2】 一台型号为Y112M-4的三相380V异步电动机，额定容量为4kW，问过载保护热继电器整定电流应为多少?

解：已知电动机容量为4kW，其额定电流为4×2=8（A）。

为此，过载保护热继电器整定电流应为8A左右，也可以在估算出该电动机额定电流后乘以0.95～1.05倍来选择热继电器，即，

8×（0.95～1.05）=7.6～9.4（A）。

查询热继电器产品样本，可选用JR36-20型，整定电流为6.8～11A；或选用CDR2-16型，整定电流为6.3～9A；或选用JR20-10型，整定电流为6～8.4A；或选用JRS2-12.5型，整定电流为6.3～10A。

② “10kW以上需降启”。意思是说，10kW以上的三相380V异步电动机需要进行降压启动。降压启动方法有很多种，本节所讲到的内容只与Y-△形启动电路有关。

【举例3】 一台型号为Y180M-2的三相380V异步电动机，额定容量为22kW，问热继电器整定电流应为多少?

解：采用第一种方法，

22×8÷7≈25.1（A）

答：热继电器整定电流应为25.1A。

【举例4】 一台型号为Y225M-2的三相380V异步电动机，额定容量为45kW，问热继电器整定电流应为多少?

解：采用第二种方法，

45×1.15=51.75（A）

答：热继电器整定电流应为51.75A。

【举例5】 一台型号为Y225M-2的三相380V异步电动机，额定容量为45kW，额定电流为83.9A，问热继电器整定电流应为多少?

解：采用第三种方法，

83.9×0.58≈48.7（A）

答：热继电器整定电流应为48.7A。

3.20 三相 380V 异步电动机用电流互感器配合热继电器作过载保护选择

口　诀：

若“选”互感器，3 倍的额流①；
额流除以电流比，热继设置中间数②。
若“有”互感器，电流比已定③；
互感二次数乘额流，再将积数除以一次数④。
得出热继中间数，整定电流差不离⑤。

说　明：

①“若‘选’互感器，三倍的额流”。意思是说，若没有指定的电流互感器，常规操作是按 3 倍电动机额定电流来选择电流互感器一次电流。

【举例 1】一台三相 380V 异步电动机，额定功率为 22kW，额定电流为 45A，问选择多大的电流互感器配合热继电器作过载保护用？

解：电流互感器一次电流为

$$45 \times 3 = 135\ (\mathrm{A})$$

可选用 150/5 的电流互感器。

答：可选用 150/5 的电流互感器。

②“额流除以电流比，热继设置中间数”。意思是说，用电动机额定电流除以电流互感器之比，得出的数值就是热继电器的电流设定值。在选择热继电器时，其电流值最好在热继电器电流范围的中间为好。这样，若设定估算电流有偏差也可以上下调整。

【举例 2】一台 55kW 的三相 380V 异步电动机，额定电流为 105A，问选择多大的电流互感器配合热继电器作过载保护用？

解：电流互感器一次电流为

105 × 3 = 315（A）

可选用 300/5 的电流互感器。

105 ÷（300/5）= 105 ÷ 60 = 1.75（A）

可选用 T 系列热继电器，型号为 T16，整定电流调节范围为 1.5 ~ 2.1A，1.75A 数值在中间值。

答：可选用 T 系列热继电器，型号为 T16，整定电流调节范围为 1.5 ~ 2.1A。

③ “若‘有’互感器，电流比已定”。意思是说，已经有固定变比的电流互感器，如有一只 200/5 的电流互感器。

④ “互感二次数乘额流，再将积数除以一次数”。意思是说，用电流互感器的二次电流，乘以电动机的额定电流，然后再除以电流互感器的一次电流即可。

【举例 3】 有一只 200/5 的电流互感器，配合热继电器进行过载保护。三相 380V 异步电动机额定容量为 45kW，额定电流为 92A，问过载保护热继电器应选多大合适？

解：电流互感器变比为 200/5

5 × 92 ÷ 200 = 2.3（A）

应选用 JR36-20 型热继电器，整定电流范围为 2.2 ~ 3.5A；或选用 CDR2-16 型，整定电流范围为 2.1 ~ 3A；或选用 JR20-10 型，整定电流范围为 1.8 ~ 2.6A；或选用 JRS2-12.5 型，整定电流范围为 2.00 ~ 3.20；或选用 JRS1-25 型，整定电流范围为 1.6 ~ 2.5A。

答：可选用上述多种热继电器产品。

⑤ “得出热继中间数，整定电流差不离”。意思是说，估算值应设在热继电器的靠中间刻度范围上，上下都有一定裕量可调。

3.21　用断路器控制电动机短路保护、过载保护估算

口　诀：

断路器控制电机最可靠，短路、过载保护值均可调。
短路保护用电磁脱扣器，电动机额定电流乘 10 倍。
过载保护用热脱扣器，电动机额定电流值相同。

说　明：

用断路器直接启动 7.5kW 以下的三相 380V 异步电动机，比闸刀开关、铁壳开关安全可靠得多。大家都知道，电动机在启动时电流很大，通常为电动机额定电流的 5～7 倍；而一旦电动机启动运转后，它的工作电流就是额定电流，通常为电动机容量的 2 倍左右。所以，用闸刀开关、铁壳开关控制往往不太理想。为什么呢？因为上述两种控制开关，保护装置就是熔断丝（又叫保险丝），若熔断丝选得过细，可能在电动机启动时就熔断；若熔断丝选得过粗，虽然能起到短路保护作用，但满足不了电动机的过载保护。

断路器可满足上述要求，它有电磁脱扣器（瞬动）可作为短路保护，也有热脱扣器（长延时脱扣器）可作为过载保护。

【举例 1】 一台 7.5kW 的三相 380V 异步电动机，额定电流 15A，采用断路器对电动机进行控制，问断路器电磁脱扣器（瞬动）及热脱扣器（长延时）电流应整定为多少？

解：电磁脱扣器（瞬动）电流整定为

$$15\times10=150\text{（A）}$$

热脱扣器（长延时）电流整定值为电动机额定电流值 15A。

答：断路器电磁脱扣器（瞬动）电流整定值为 150A，热脱扣器（长延时）电流整定值为 15A。

【举例 2】 一台 5.5kW 的三相 380V 异步电动机，额定电流为 11A，采用断路器对电动机进行控制，问断路器电磁脱扣器（瞬动）及热脱扣器（长延时）电流应整定为多少？

解：电磁脱扣器（瞬动）电流整定值为

$$11 \times 10 = 110\ (\mathrm{A})$$

热脱扣器（长延时）电流整定值为电动机额定电流 11A

答：断路器电磁脱扣器（瞬动）电流整定值为 110A，热脱扣器（长延时）电流整定值为 11A。

3.22 三相 380V 异步电动机额定转矩估算（一）

口　诀：

> 三相异步电动机，额定转矩怎样求。
> 单位需用千克力米，975 乘以容量除以转速。
> 单位需用牛顿米，9550 乘以容量除以转速。
> 知道千克力米求牛顿米，乘以十就能成。
> 知道牛顿米求千克力米，除以十就行了。

说　明：

求电动机转矩有两个公式，使用的单位不同，这两个公式的系数不同。

公式一：单位为千克力米（kgf · m）。

$T_N=975P_N / n_N$

公式二：单位为牛顿米（N · m）。

$T_N=9550P_N / n_N$

这两个系数基本上是 10 倍关系，所以估算起来更容易。

公式一中，单位是千克力米（kgf · m），系数小，为 975；公式二中，单位是牛顿米（N · m），系数大，为 9550。所以知道了系数小的千克力米（或 kgf · m），换算成系数大的牛顿米（或 N · m），乘以 10 就可以。

反过来，若单位是牛顿米（或 N · m），换算成系数小的千克力米（或 kgf · m），除以 10 就行了。

切记：千万不要弄错单位。

3.23　三相 380V 异步电动机额定转矩估算（二）

口　诀：

> 电动机容量、极数全知道，不知额定转矩如何求，
> 容量乘极数再乘 1.7。
> 此值单位牛顿米，换成千克力米除以 10。

【举例 1】 一台型号为 Y225M-8 的三相异步电动机，额定电压 380V，额定容量为 22kW，问此电动机的额定转矩为多少？

解：　　$22 \times 8 \times 1.7 = 299.2$（N・m）

答：此电动机的额定转矩为 299.2（N・m）。

【举例 2】 一台型号为 Y180L-6 的三相异步电动机，额定电压 380V，额定容量为 15kW，问此电动机的额定转矩为多少？

解：

牛顿米时：$15 \times 8 \times 1.7 = 204$（N・m）

千克力米时：$204 \div 10 = 20.4$（kgf・m）

答：此电动机的额定转矩为 20.4kgf・m。

3.24 电动机熔体保护估算（一）

口 诀：

> 电动机熔体保护，额定电流 2 倍求。

说 明：

本口诀适用于 380V 以下电动机短路、过载保护估算。因为三相 380V 异步电动机，每千瓦电流为 2A 左右，所以选用熔体保护时，基本上按电动机额定电流的 2 倍来求。而对于 220V 的单相电动机也可以按此口诀来选用熔体保护。

【举例 1】 一台型号为 Y132S2-2，7.5kW 的三相 380V 异步电动机，额定电流为 15A，问电动机熔体保护应选多大？

解：电动机额定电流为 15A，

$$15\times2=30\text{（A）}$$

因此，可选用 RL1-60 型，芯 35A；或选用 RL6-63 型，芯 35A；或选用 RT14-63 型，芯 32A；或选用 RT19-63 型，芯 32A。

答：可选用 RL1-0 型，芯 35A；RL6-63 型，芯 35A；RT14-63 型，芯 32A；RT19-63 型，芯 32A。

【举例 2】 一台型号为 Y200L2-6，22kW 的三相 380V 异步电动机，额定电流为 44.6A，问电动机熔体保护应选多大？

解：电动机额定电流为 44.6A，

$$44.6\times2=89.2\text{（A）}$$

因此，可选用 RL1-100 型，芯 100A；或选用 RT19-125 型，芯 100A。

答：可选用 RL1-100 型，芯 100A；RT19-125 型，芯 100A。

【举例 3】 一台单相 220V，3kW 的电动机，额定电流为 25A，问电动机熔体保护应选多大?

解：单相异步电动机额定电流为 25A，

$$25 \times 2 = 50\ (\mathrm{A})$$

因此，可选用 RL1-60 型，芯 50A；或选用 RL6-63 型，芯 50A；或选用 RT14-63 型，芯 50A；或选用 RT19-63 型，芯 50A。

答：可选用 RL1-60 型，芯 50A； RL6-63 型，芯 50A；RT14-63 型，芯 50A；RT19-63 型，芯 50A。

3.25 电动机熔体保护估算（二）

口 诀：

三相380V电动机，短路过载用熔体。
保护熔体如何用，电动机功率4倍求。

说 明：

本口诀用于对三相380V异步电动机熔体保护进行估算。口诀中，“电动机功率4倍求”，实际上与“电动机额定电流2倍求”是一样的，因为三相异步电动机额定电流是功率的2倍。

【举例1】一台型号为Y200L2-6，22kW的三相380V异步电动机，问电动机熔体保护如何选择？

解：　$22\times4=88$（A）

可选用RL1-100型，芯100A；或选用RL2-100型，芯100A；或选用RT0-100型，熔体100A。

答：可选用RL1-100型，芯100A；或选用RL2-100型，芯100A；或选用RT0-100型，熔体100A。

【举例2】一台型号为Y90L2，2.2kW的三相380V异步电动机，问电动机熔体保护如何选择？

解：　$2.2\times4=8.8$（A）

可选用RT19-16型，芯10A；或选用RT18-32型，芯10A；或选用RT14-20型，芯10A；或选用RL1-15，芯10A；或选用RL6-25型，芯10A。

答：可选用RT19-16型，芯10A；或选用RT18-32型，芯10A；或选用RT14-20型，芯10A；或选用RL1-15，芯10A；或选用RL6-25型，芯10A。

3.26 三相 380V 异步电动机过载保护热继电器选择

口 诀：

> 电动机过载怎么办，热继电器能帮忙。
> 电机额流整定值，整定调节最合适[①]。
> 电机额流一倍二，来选过载热元件[②]。
> 若乘千瓦二倍半，也能选择热元件[③]。

说 明：

热继电器是电动机过载保护的关键器件，如果选择合理，就会使它正常工作，起到过载保护作用；若选择不当或调整不当，也会使过载保护热继电器无法起到保护作用。

① “电机额流整定值，整定调节最合适”。是指热继电器的电流值整定刻度，正好是电动机的额定电流值。

② “电机额流一倍二，来选过载热元件”。通常，热元件额定电流基本上按电动机额定电流的 1.25 倍来选择，为方便估算，按电动机额定电流的 1.2 倍来选择。

③ “若乘千瓦二倍半，也能选择热元件”。若按千瓦选择热元件，从电动机功率与额定电流的关系上看，有些误差，但也可以用，比较方便。选择热元件按每千瓦二倍半来估算，同样能算出热元件额定电流。

【举例 1】 一台 Y90L-2 型三相 380V 异步电动机，额定功率为 2.2kW，额定电流为 4.7A，问选择多大的热继电器？

解：若按 ② “电机额流一倍二” 估算，则为

$$4.7 \times 1.2 = 5.64\ (\text{A})$$

若按 ③ “乘千瓦二倍半” 估算，则为

$$2.2 \times 2.5 = 5.5\ (\text{A})$$

经估算后可选用 JRS1DS-25 型，热元件整定电流 4 ~ 6A；或选用 JRS1DS-25 型，热元件整定电流 5.5 ~ 8A；或选用 JRS1-25 型，热元件整定电流 4 ~ 6A；或选用 JR20-10 型，热元件整定电流 5 ~ 7A；或选用 CDR2-25 型，热元件整定电流 4.5 ~ 6.5A；或选用 JR36-20 型，热元件整定电流 4.5 ~ 7.2A。

答：热继电器可选用 JRS1DS-25 型，热元件整定电流 4 ~ 6A；或选用 JRS1DS-25 型，热元件整定电流 5.5 ~ 8A；或选用 JRS1-25 型，热元件整定电流 4 ~ 6A；或选用 JR20-10 型，热元件整定电流 5 ~ 7A；或选用 CDR2- 25 型，热元件整定电流 4.5 ~ 6.5A；或选用 JR36-20 型，热元件整定电流 4.5 ~ 7.2A。

【举例 2】 一台 Y-160L-6 型三相 380V 异步电动机，额定功率为 11kW，额定电流为 24.6A，问选择多大的热继电器?

解：若按 ②“电机额流一倍二”估算，则为

$$24.6 \times 1.2 = 29.52\ (\mathrm{A})$$

若按 ③“乘千瓦二倍半”估算，则为

$$11 \times 2.5 = 27.5\ (\mathrm{A})$$

经估算后可选用 JRS1DS-36 型，热元件整定电流 23 ~ 32A；或选用 JRS1-80 型，热元件整定电流 23 ~ 32A；或选用 JR20-63 型，热元件整定电流 24 ~ 36A；或选用 CDR2-45 型，热元件整定电流 25 ~ 40A；或选用 JR36-63 型，热元件整定电流 20 ~ 32A。

答：热继电器可选用 JRS1DS-36 型，热元件整定电流 23 ~ 32A；或选用 JRS1-80 型，热元件整定电流 23 ~ 32A；或选用 JR20-63 型，热元件整定电流 24 ~ 36A；或选用 CDR2-45 型，热元件整定电流 25 ~ 40A；或选用 JR36-63 型，热元件整定电流 20 ~ 32A。

【举例 3】 一台 Y280M-6 型三相 380V 异步电动机，额定功率为 55kW，额定电流为 104.9A，问选择多大的热继电器?

解：若按 ②“电机额流一倍二”估算，则为

$$104.9 \times 1.2 = 125.88\ (\mathrm{A})$$

若按 ③“乘千瓦二倍半”估算，则为

$$55 \times 2.5 = 137.5\ (\text{A})$$

两种估算方法，电流相差 11.62A。所以，最好按 ②“电机额流一倍二”估算，电流数值较为准确一些。

经估算可选用 CDR2-170 型，热元件整定电流 110 ~ 160A；或选用 JR36-160 型，热元件整定电流 100 ~ 160A。

答：热继电器可选用 CDR2-170 型，热元件整定电流 110 ~ 160A；或选用 JR36-160 型，热元件整定电流 100 ~ 160A。

3.27 三相 380V 异步电动机 Y-△降压启动熔断器选择

口 诀：

降压启动熔断器，2 倍电机的功率。

说 明：

电动机采用 Y-△降压启动时，启动电流相对较小，电动机正常△形运转后，运转电流也不会达到电动机额定电流，所以其过流保护熔断器电流选择不易过大。再者，从电动机相关技术数据看，较大容量的电动机，其额定电流往往都小于每千瓦 2 安培。

【举例 1】 一台 Y250M-6 型三相 380V 异步电动机，功率为 37kW，采用 Y-△降压启动，问其保护熔断器如何选择？

解： 37×2=74（A）

可选用 RL1-100 型，芯 80A；或选用 RT19-125 型，芯 80A；或选用 RT16A-00（NTA000）型，芯 80A。

答：其保护熔断器可选用 RL1-100 型，芯 80A；或选用 RT19-125 型，芯 80A；或选用 RT16A-00（NTA000）型，芯 80A。

【举例 2】 一台 Y160L-4 型三相 380V 异步电动机，功率为 15kW，采用 Y-△降压启动，问其保护熔断器如何选择？

解： 15×2=30（A）

可选用 RL1-60 型，芯 40A；或选用 RT16A-00（NTA000）型，芯 32A；或选用 RT19-63 型，芯 32A。

答：其保护熔断器可选用 RL1-60 型，芯 40A；或选用 RT16A-00（NTA000）型，芯 32A；或选用 RT19-63 型，芯 32A。

3.28 电动机降压启动，配电变压器容量选择

口　诀：

电机降压来启动，不知变压器的容量够不够，
变压器容量大于电机功率的 2 倍。

【举例 1】一台 37kW，三相 380V 交流电动机，采用 Y-△形降压启动，问应选配多大容量的配电变压器？

解：　　$37 \times 2 = 74$（kV · A）

答：可选用容量为 100kV · A 的配电变压器。

【举例 2】一台 75kW，三相 380V 交流电动机，采用自耦减压启动器进行启动，问应选配多大容量的配电变压器？

解：　　$75 \times 2 = 150$（kV · A）

答：可选用 180kV · A 的配电变压器。

3.29　一台完整的单向直接启动、停止电路器件及导线选择

口　诀：

启动、停止按钮控，绿色启动用常开（NO），
红色停止用常闭（NC）。
电机电流管全局，容量千瓦2安培。
主回路保护断路器，1.7倍电机额定电流。
主回路保护若选熔断器，电机容量千瓦3倍求。
控制回路断路器，3至6A就足矣。
关键器件交流接触器，主触点电流为电机额定电流，
辅助常开自锁触点（NO）必须有，线圈电压搞对不出错。
热继电器选择电机额流定，1.2倍选热继，
1倍整定电机额定电流值。
主回路导线电机电流定，查表口诀能搞定。
控制回路导线截面细，0.75mm^{2}以上就可以。
若是电源及电机都穿管，查表得出线管径。

【举例1】 一台三相380V交流异步电动机，额定功率为7.5kW，控制回路电压为380V，采用按钮控制的单向直接启动、停止控制，问电路中交流接触器、热继电器、断路器或熔断器、主回路导线、控制回路导线、控制回路保护熔断器、控制按钮等，这些器件应如何选择？

解：电动机额定电流按每千瓦2安培计算，

$7.5 \times 2 = 15$（A）

断路器按电动机额定电流1.7倍来定，

$15 \times 1.7 = 25.5$（A）

可选25A，D型三极断路器。

交流接触器按电动机额定电流来定，选25A或大于此值的上一级

规格。例如，CJX1-F32 线圈电压 380V，CDC10-40 线圈电压 380V，CJ20-25 线圈电压 380V。

热继电器按电动机额定电流的 1.2 倍来选择，整定电流为电动机额定电流值。

$15\times1.2=18$（A）

可选用 JR36-20 或 JR36-32，热元件额定电流为 32A，热元件电流调节范围为 14～22A，整定电流为 15A 左右。

主回路保护熔断器按电动机容量的 3 倍来选择，

$7.5\times3=22.5$（A）

可选用 RT18-32/3，芯 25A；或 RL1-60，芯 25A；或 RT14-32×3，芯 25A。

主回路导线，也就是电源线至电机线，按电动机额定电流 15A 来选择，如果按电流选择，$1mm^2$ 的 BV 导线就能用，为安全保险起见，选用 BV$2.5mm^2$ 的铜芯导线，此截面导线的安全载流量为 32A。

穿管选择按 3 根 $2.5mm^2$ 加 1 根 $1.5mm^2$ 接地保护线，选用 ϕ15 的钢管或塑料管。

控制按钮可选用任意型号，启动按钮选用绿色的、常开型，停止按钮选用红色的、常闭型。

控制回路导线选用 $0.75\sim1.5mm^2$，任何截面均可，BVR 的更好。

控制回路保护熔断器可选用任何型号产品，电流为 3～6A 均可。

3.30 一台断路器控制多台电动机瞬时动作脱扣器的整定电流估算

口 诀:

> 一台断路器，控制多台电动机。
> 如何确定瞬时整定电流值？
> 10 倍最大电机的额流，加上 1.3 倍其他电机额流和。

【举例 1】一台供电干线的断路器，控制 5 台三相 380V 交流异步电动机，其容量分别为 7.5kW、4kW、3kW、2.2kW、1.5kW，问如何估算断路器瞬时动作脱扣器的整定电流？

解：电动机额定电流按每千瓦 2 安培计算，5 台电动机的额定电流分别为

$$7.5\times2=15\text{（A）}$$

$$4\times2=8\text{（A）}$$

$$3\times2=6\text{（A）}$$

$$2.2\times2=4.4\text{（A）}$$

$$1.5\times2=3\text{（A）}$$

断路器瞬时动作脱扣器整定电流估算为：

$$10\times15+1.3\times(8+6+4.4+3)$$

$$=150+1.3\times21.4$$

$$=150+27.82$$

$$=177.82\text{（A）}$$

可整定为 180A 左右。

答：此断路器瞬时动作脱扣器整定电流为 180A。

3.31　小容量三相 380V 异步电动机直接启动开关选择

口　诀：

> 7.5 千瓦以下电动机，直接开关来启动。
> 若用断路器启动时，电动机 1.7 倍额定电流求。
> 若用组合开关启动时，电动机 2.5 倍额定电流求。
> 若用封闭式负荷开关启动时，电动机 2 倍额定电流求。
> 若用敞开式负荷开关启动时，电动机 3 倍额定电流求。

【举例 1】 一台 Y132S-6 型三相 380V 异步电动机，额定功率为 3kW，额定电流为 7.2A，若该电动机采用断路器直接启动，可采用多大的断路器？

解：此电动机额定电流为 7.2A，断路器整定电流估算为：

$$7.2 \times 1.7 \approx 12.2\ (\text{A})$$

可选用 DZ47-63 型三极 D16A 断路器；或选用 CDM3-3200 型断路器，16A。

答：可选用 DZ47-63 型三极 D16A 断路器；或选用 CDM3-3200 型断路器，16A。

【举例 2】 一台 Y132M1-6 型三相 380V 异步电动机，额定功率为 4kW，额定电流为 9.4A，若该电动机采用敞开式负荷开关直接启动，应选用多大的负荷开关？

解：若用敞开式负荷开关启动时，电动机 3 倍额定电流求。

$$9.4 \times 3 = 28.2\ (\text{A})$$

可选用 HK1-30 三极，开启式负荷开关。

答：可选用 HK1-30 三极，开启式负荷开关。

【举例 3】 一台 Y132S-4 型三相 380V 异步电动机，额定功率为 5.5kW，额定电流为11.6A，若该电动机采用组合开关直接启动，应选用多大的组合开关？

解：若用组合开关启动时，电动机2.5倍额定电流求。

$$11.6\times2.5=29\text{（A）}$$

可选用HZ10-60三极，组合开关。

答：可选用HZ10-60三极，组合开关。

【举例4】一台Y100L1-4型三相380V异步电动机，额定功率为2.2kW，额定电流为5A，若采用封闭式负荷开关启动，应选用多大的封闭负荷开关？

解：若用封闭式负荷开关启动时，电动机2倍额定电流求。

$$5\times2=10\text{（A）}$$

可选用HH3-15三极，封闭式负荷开关；或选用HH4-15三极，封闭式负荷开关。

答：可选用HH3-15三极，封闭式负荷开关；或选用HH4-15三极，封闭式负荷开关。

3.32　控制三相异步电动机选用交流接触器

口　诀：

> 选用交流接触器，控制三相异步电动机[①]。
> 电机容量两安培，主触点电流要选对[②]。
> 正反转控制要互锁，最好能把“机互”配[③]。
> 频繁操作电动机，接触器型号升一级[④]。
> 辅助触点要选对，NO常开，NC闭[⑤]。
> 控制电压同线圈，不符就会出问题[⑥]。

说　明：

① “选用交流接触器，控制三相异步电动机”。用交流接触器控制电动机，由于交流接触器产品型号很多，均能满足要求。主要产品有CDC10、CDC1、CJX1、CJX2、CJX2s、CJ20、CJ40，还有CJX2四极的，有的产品还有两极的、三极的、四极的、五极的，选用起来非常方便。

CDC10型交流接触器主要型号有CDC10-10、CDC10-20、CDC10-40、CDC10-60、CDC10-100、CDC10-150。

CDC1型交流接触器主要型号有CDC1-9、CDC1-12、CDC1-16、CDC1-25、CDC1-30、CDC1-37、CDC1-45、CDC1-65、CDC1-85、CDC1-105、CDC1-170、CDC1-250、CDC1-370。

CJX1型交流接触器主要型号有CJX1-9、CJX1-12、CJX1-16、CJX1-22、CJX1-32B、CJX1-38、CJX1-45、CJX1-63、CJX1-75、CJX1-85、CJX1-110、CJX1-140、CJX1-170、CJX1-205、CJX1-250、CJX1-300、CJX1-400、CJX1-475。

CJX2型交流接触器主要型号有CJX2-09、CJX2-12、CJX2-18、CJX2-25、CJX2-32、CJX2-40、CJX2-65、CJX2-80、CJX2-95。

CJX2s型交流接触器主要型号有CJX2s-06、CJX2s-09、CJX2s-12、CJX2s-18、CJX2s-25、CJX2s-32、CJX2s-40、CJX2s-50、CJX2s-65、

CJX2s-80、CJX2s-95。

CJ20 型交流接触器主要型号有 CJ20-10、CJ20-16、CJ20-25、CJ20-40、CJ20-63、CJ20-100、CJ20-160、CJ20-250、CJ20-400、CJ20-630。

CJ40 型交流接触器主要型号有 CJ40-9、CJ40-12、CJ40-16、CJ40-25、CJ40-32、CJ40-40、CJ40-50、CJ40-63、CJ40-80、CJ40-100、CJ40-125、CJ40-160、CJ40-200、CJ40-250、CJ40-315、CJ40-400、CJ40-500、CJ40-630、CJ40-800、CJ40-1000。

CJX2 四极型交流接触器主要型号有 CJX2-09、CJX2-12、CJX2-25、CJX2-40、CJX2-50、CJX2-65、CJX2-80、CJX2-95。

另外，为了方便正反转互锁控制，还有带 N 型的可逆交流接触器，选用起来更加方便，而且安全可靠。

CJX1-N 型交流接触器主要型号有 CJX1-9N、CJX1-12N、CJX1-16N、CJX1-22N、CJX1-32BN、CJX1-45N、CJX1-63N、CJX1-75N、CJX1-85N、CJX1-110N、CJX1-140N、CJX1-170N、CJX1-205N、CJX1-250N、CJX1-300N。

CJX2-N 型交流接触器主要型号有 CJX2-09N、CJX2-12N、CJX2-18N、CJX2-25N、CJX2-32N、CJX2-40N、CJX2-65N、CJX2-80N、CJX2-95N。

常用三相交流异步电动机与交流接触器的选配见表 3.1。

表 3.1 常用三相交流异步电动机与交流接触器选配

（a）CJX1 型

三相交流异步电动机容量（kW，380V）	所配交流接触器（A）	三相交流异步电动机容量（kW，380V）	所配交流接触器（A）
4.5	9	45	85
5.5	12	55	110
7.5	16	75	140
11	22	90	170
15	32	110	205
18.5	38	132	250
22	45	160	300
30	63	200	400
37	75	250	475

续表 3.1

（b）CJX2 型

三相交流异步电动机容量（kW，380V）	所配交流接触器（A）	三相交流异步电动机容量（kW，380V）	所配交流接触器（A）
4	9	22	50
5.5	12	30	60
11	25	37	80
18.5	40	45	95

（c）CDC1 型

三相交流异步电动机容量（kW，380V）	所配交流接触器（A）	三相交流异步电动机容量（kW，380V）	所配交流接触器（A）
4	9	30	65
5.5	12	45	85
7.5	16	55	105
11	25	90	170
15	30	132	250
18.5	37	200	370
22	45		

（d）CDC10 型

三相交流异步电动机容量（kW，380V）	所配交流接触器（A）	三相交流异步电动机容量（kW，380V）	所配交流接触器（A）
4	10	30	60
10	20	45	100
20	40	75	150

（e）CJ20 型

三相交流异步电动机容量（kW，380V）	所配交流接触器（A）	三相交流异步电动机容量（kW，380V）	所配交流接触器（A）
4	10	30	60
10	20	45	100
20	40	75	150

续表 3.1

（f）CJ40型

三相交流异步电动机容量（kW，380V）	所配交流接触器（A）	三相交流异步电动机容量（kW，380V）	所配交流接触器（A）
4	9	37	80
5.5	12	45	100
7.5	16	55	125
15	32	75	160
18.5	40	90	200
25	50	132	250
30	63		

（g）CJX1-N型

三相交流异步电动机容量（kW，380V）	正反转操作不频繁时，所配交流接触器（A）	频繁进行正反转启动操作时，所配交流接触器（A）
4	9	12
5.5	12	16
7.5	16	22

② “电机容量两安培，主触点电流要选对”。电动机额定电流按公式 $I=\dfrac{P}{\sqrt{3}U\cos\varphi\eta}$ 计算后，基本上均等于每千瓦两安培左右。

【举例 1】一台三相交流异步电动机，型号为 Y132S2-2，功率为 7.5kW，额定工作电压为 380V，问选用多大的交流接触器配合使用?

解：电动机额定电流为 $7.5\times2=15$（A），那么交流接触器三相主触点的电流必须等于或大于 15A，才能满足要求。即，若选用 CJX1 型交流接触器，型号为 CJX1-16；若选用 CJX2 型交流接触器，型号为 CJX2-25；若选用 CDC1 型交流接触器，型号为 CDC1-16；若选用 CDC10 型交流接触器，型号为 CDC10-20；若选用 CJ40 型交流接触器，型号为 CJ40-16。

③ “正反转控制要互锁，最好能把‘机互’配”。通常在电动机正反转（可逆）控制电路中可增加正反转互锁控制，以保证安全。常用的互锁保护有两种：一种是交流接触器辅助常闭触点互锁，它是将正反转

两只交流接触器的各自一组常闭触点分别串联在对方交流接触器线圈回路中，起到互锁作用。当正转交流接触器 KM_1 线圈得电工作时，KM_1 串联在反转交流接触器 KM_2 线圈回路中的辅助常闭触点（9-11）先断开，切断反转交流接触器 KM_2 线圈回路电源，使其不能同时得电工作，起到互锁作用；同样，当反转交流接触器 KM_2 线圈得电工作时，KM_2 串联在正转交流接触器 KM_1 线圈回路中的辅助常闭触点（5-7）先断开，切断正转交流接触器 KM_1 线圈回路电源，使其不能同时得电工作，起到互锁作用，电路如图 3.1 所示。

第二种是按钮常闭触点互锁，它是利用正反转操作按钮上的常闭触点，分别串联在对方交流接触器线圈回路中，起到互锁保护作用。欲正转操作时，按下正转启动按钮 SB_2，首先 SB_2 上的一组常闭触点（3-9）先断开，切断反转交流接触器 KM_2 线圈回路电源，使反转交流接触器 KM_2 线圈回路不能得电工作，起到互锁作用。为什么按下启动按钮时，其一组常闭触点会先断开呢？因为按钮常闭触点的行程距离远远小于常开触点的行程距离，所以，常闭触点一触即断，而常开触点则需向下按一段行程距离才会闭合。按下正转启动按钮 SB_2 的同时，SB_2 的另外一组常开触点（5-7）闭合，接通正转交流接触器 KM_1 线圈回路电源，KM_1 线圈得电吸合，KM_1 辅助常开触点（5-7）闭合自锁。同样，欲反转操作时，按下反转启动按钮 SB_3，首先，SB_3 上的一组常闭触点（3-5）先断开，切断正转交流接触器 KM_1 线圈回路电源，使正转交流接触器 KM_1 线圈回路不能得电工作，起到互锁作用。按下反转启动按钮 SB_3 的同时，SB_3 的另外一组常开触点（9-11）闭合，接通反转交流接触器 KM_2 线圈回路电源，KM_2 线圈得电吸合，KM_2 辅助常开触点（9-11）闭合自锁，电路如图 3.2 所示。

上述接触器常闭触点互锁、按钮常闭触点互锁可分别使用，也可以组合起来使用，若组合起来使用，则称为接触器常闭触点及按钮常闭触点双重互锁保护，电路如图 3.3 所示。这种电路的保护效果优于图 3.1、图 3.2 所示电路，互锁程度较高。

除上述两种互锁保护外，还有很多互锁保护方法，在后面的章节中会陆续介绍。这里值得一提的是，有些交流接触器是专用互锁产品，如 CJX1-N、CJX2-N 型可逆交流接触器，可方便选用。

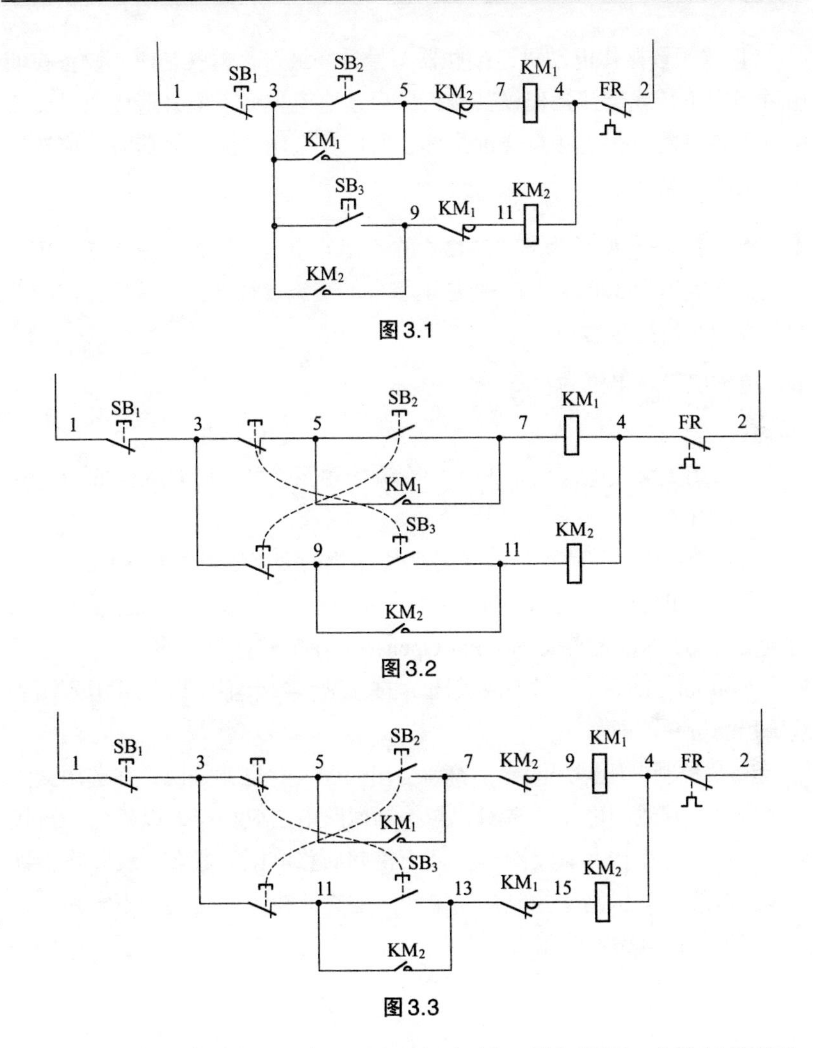

图 3.1

图 3.2

图 3.3

另外，有些产品可配“机互”，即“机械互锁”装置，安装极其简单，只要在正反两只交流接触器之间拼装即可。该专用机械互锁装置有两种：一种只是机械互锁装置；另一种是既有机械互锁装置，在机械互锁装置上还有两组互锁用辅助常闭触点，这样可将两只常闭触点分别串联在正反转交流接触器线圈回路中，起到双重互锁保护作用，这种互锁组合被称为机械互锁和辅助常闭触点双重互锁。

至此，有了上述电路保护装置，正反转接触器电路工作更加安全、可靠。

④ “频繁操作电动机，接触器型号升一级”。也就是说，设备在使用过程中正转或反转操作极其频繁，启动电流很大，极易造成两只交流接触器各自的三相主触点烧蚀损坏，所以在选用交流接触器时，应选用大一级的产品。

【举例2】 一台型号为Y132M2-6的三相异步电动机，功率为5.5kW，额定工作电压为380V，问需要选配多大的交流接触器？若频繁操作应选配多大的交流接触器？

解：电动机额定电流为

$$5.5 \times 2 = 11\ (\mathrm{A})$$

应选用主触点电流大于11A的交流接触器，可选用CJX1-16、CJ20-20、CDC10-20。

若频繁操作，可将CJX1-16改为大一级的交流接触器CJX1-22。

⑤ “辅助触点要选对，NO常开、NC闭”。指交流接触器辅助触点的英文缩写，NO是英文Normal Open，常开（或打开）的意思；NC是英文Normal Close，常闭（或关闭）的意思。如果不明白，可用万用表欧姆挡测量一下即可。

⑥ “控制电压同线圈，不符就会出问题”。也就是说，在选用交流接触器时，其线圈电压应选对，与控制回路电压应相符，以确保交流接触器线圈正常工作。若线圈电压低于控制回路电压，那么此线圈将会被烧毁；若线圈电压高于控制回路电压，那么此线圈就会吸合不牢靠，电磁噪声很大，电路不能正常工作。

3.33　水泵电动机功率估算

口　诀：

水泵电机功率如何算，5倍流量乘扬程，
最后再除以二零零。

说　明：

在工作中，水泵是经常用到的，基本上以离心泵为主。如何在有水泵的情况下配备合适容量的电动机。只要知道了水泵铭牌上的流量及扬程，然后再除以200，即能估算出该水泵所需配备的电动机功率。

【举例】一台水泵，流量50m³/h，其扬程为38m，问此水泵应配备多大功率的三相异步电动机？

解：　$5 \times 50 \times 38 \div 200 = 47.5$（kW）

查电动机手册，靠近此功率的电动机为55kW。

答：此水泵应配备55kW的三相异步电动机。

第4章

导线口诀

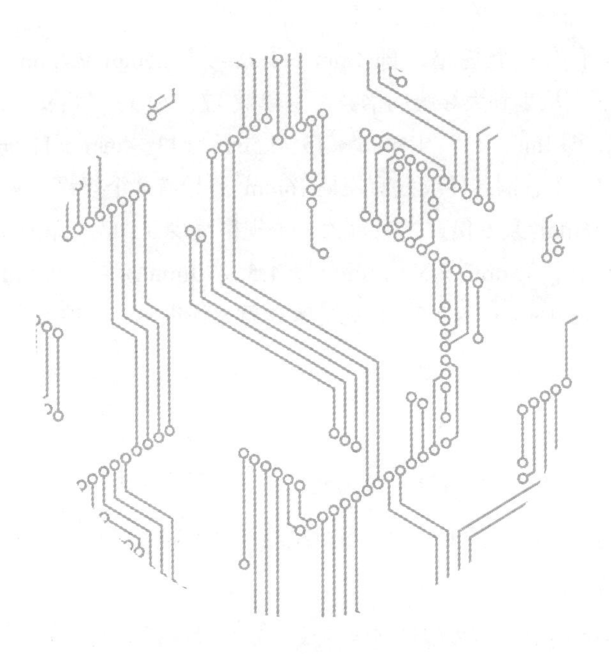

4.1　铜芯导线安全载流量估算

口　诀：

铜芯导线 1、1.5、2.5、4、6、10 平方，
单数 17、15、13、11、9、7 倍对应乘。
16、25、35 平方铜导线，6、5.5、5 倍数相乘。
50、70、95 平方铜导线，4.5、4、3.5 倍数相乘。
120、150 平方铜导线，3、2.5 倍数相乘。

说　明：

仔细分析本口诀，发现它是有规律可循的。其中，铜芯导线截面积 $10mm^2$ 以下有 6 个规格，即 $1mm^2$、$1.5mm^2$、$2.5mm^2$、$4mm^2$、$6mm^2$、$10mm^2$，那么从小到大导线的倍数都是单数 17、15、13、11、9、7，有规律，容易记忆，即 $1mm^2\times17$、$1.5mm^2\times15$、$2.5mm^2\times13$、$4mm^2\times11$、$6mm^2\times9$、$10mm^2\times7$。再看铜芯导线截面积从 $16mm^2$ 开始有 8 个规格，从口诀中可以看出，$16mm^2$ 乘 6 倍，之后每大一个规格减少 0.5 倍。即 $16mm^2\times6$、$25mm^2\times5.5$、$35mm^2\times5$、$50mm^2\times4.5$、$70mm^2\times4$、$95mm^2\times3.5$、$120mm^2\times3$、$150mm^2\times2.5$。它们的乘积就是该铜芯导线的安全载流量。

【举例 1】 $1mm^2$ 的 BV 铜芯塑料绝缘导线，问其安全载流量为多少？

解：　$1\times17=17$（A）

答：$1mm^2$ 的 BV 铜芯塑料绝缘导线，安全载流量为 17A。

【举例 2】 $1.5mm^2$ 的 BV 铜芯塑料绝缘导线，问其安全载流量为多少？

解：　$1.5\times15=22.5$（A）

答：$1.5mm^2$ 的 BV 铜芯塑料绝缘导线，安全载流量为 22.5A。

【举例 3】 $2.5mm^2$ 的 BV 铜芯塑料绝缘导线，问其安全载流量为多少？

解： $2.5\times13=32.5$（A）

答：2.5mm^2 的 BV 铜芯塑料的绝缘导线，安全载流量为 32.5A。

【举例 4】 4mm^2 的 BV 铜芯塑料导线，问其安全载流量为多少？

解： $4\times11=44$（A）

答：4mm^2 的 BV 铜芯塑料导线，安全载流量为 44A。

【举例 5】 6mm^2 的 BV 铜芯塑料导线，问其安全载流量为多少？

解： $6\times9=54$（A）

答：6mm^2 的 BV 铜芯塑料导线，安全载流量为 54A。

【举例 6】 10mm^2 的 BV 铜芯塑料导线，问其安全载流量为多少？

解： $10\times7=70$（A）

答：10mm^2 的 BV 铜芯塑料导线，安全载流量为 70A。

【举例 7】 16mm^2 的 BV 铜芯塑料导线，问其安全载流量为多少？

解： $16\times6=96$（A）

答：16mm^2 的 BV 铜芯塑料导线，安全载流量为 96A。

【举例 8】 25mm^2 的 BV 铜芯塑料导线，问其安全载流量为多少？

解： $25\times5.5=137.5$（A）

答：25mm^2 的 BV 铜芯塑料导线，安全载流量为 137.5A。

【举例 9】 35mm^2 的 BV 铜芯塑料导线，问其安全载流量为多少？

解： $35\times5=175$（A）

答：35mm^2 的 BV 铜芯塑料导线，安全载流量为 175A。

【举例 10】 50mm^2 的 BV 铜芯塑料导线，问其安全载流量为多少？

解： $50\times4.5=225$（A）

答：50mm^2 的 BV 铜芯塑料导线，安全载流量为 225A。

【举例 11】 70mm^2 的 BV 铜芯塑料导线，问其安全载流量为多少？

解： $70\times4=280$（A）

答：70mm^2 的 BV 铜芯塑料导线，安全载流量为 280A。

【举例 12】 95mm^2 的 BV 铜芯塑料导线，问其安全载流量为多少？

解：　　$95 \times 3.5 = 332.5$（A）

答：95mm^2 的 BV 铜芯塑料导线，安全载流量为 332.5A。

【举例 13】 120mm^2 的 BV 铜芯塑料导线，问其安全载流量为多少？

解：　　$120 \times 3 = 360$（A）

答：120mm^2 的 BV 铜芯塑料导线，安全载流量为 360A。

【举例 14】 150mm^2 的 BV 铜芯塑料导线，问其安全载流量为多少？

解：　　$150 \times 2.5 = 375$（A）

答：150mm^2 的 BV 铜芯塑料导线，安全载流量为 375A。

4.2 铝母线（铝排）安全载流量估算

口 诀：

> 铝排厚度 3～4 毫米，宽乘厚度再乘 3①；
> 铝排厚度 5～6 毫米，宽乘厚度再乘 2.5②；
> 铝排厚度 8 毫米，宽乘厚度再乘 2③；
> 铝排厚度 10 毫米以上，宽乘厚度再乘 1.8④。
> 知道铝排求铜排，结果再乘 1.3⑤。

说 明：

① “铝排厚度 3～4 毫米，宽乘厚度再乘 3”。

【举例 1】 75×3 的铝排，安全载流量为多少？

75×3×3=675（A）

【举例 2】 50×3 的铝排，安全载流量为多少？

50×3×3=450（A）

【举例 3】 25×4 的铝排，安全载流量为多少？

25×4×3=300（A）

【举例 4】 80×4 的铝排，安全载流量为多少？

80×4×3=960（A）

② “铝排厚度 5～6 毫米，宽乘厚度再乘 2.5”。

【举例 5】 28×5 的铝排，安全载流量为多少？

28×5×2.5=350（A）

【举例 6】 63×5 的铝排，安全载流量为多少？

63×5×2.5=787.5（A）

【举例 7】 35×6 的铝排，安全载流量为多少？

$35 \times 6 \times 2.5 = 525$（A）

【举例 8】 140×6 的铝排，安全载流量为多少？

$140 \times 6 \times 2.5 = 2100$（A）

③“铝排厚度 8 毫米，宽乘厚度再乘 2”。

【举例 9】 30×8 的铝排，安全载流量为多少？

$30 \times 8 \times 2 = 480$（A）

【举例 10】 90×8 的铝排，安全载流量为多少？

$90 \times 8 \times 2 = 1440$（A）

④“铝排厚度 10 毫米以上，宽乘厚度再乘 1.8”。

【举例 11】 60×10 的铝排，安全载流量为多少？

$60 \times 10 \times 1.8 = 1080$（A）

【举例 12】 100×10 的铝排，安全载流量为多少？

$100 \times 10 \times 1.8 = 1800$（A）

⑤“知道铝排求铜排，结果再乘 1.3”。

【举例 13】 50×3 的铝排，其安全载流量为多少？若为铜排，其安全载流量为多少？

$50 \times 3 \times 3 = 450$（A）

若为铜排，其安全载流量则为 $450 \times 1.3 = 585$（A）。

【举例 14】 60×4 的铝排，其安全载流量为多少？若为铜排，其安全载流量为多少？

$60 \times 4 \times 3 = 720$（A）

若为铜排，其安全载流量为 $720 \times 1.3 = 936$（A）。

【举例 15】 80×5 的铝排，其安全载流量为多少？若为铜排，其安全载流量为多少？

$80 \times 5 \times 2.5 = 1000$（A）

若为铜排，其安全载流量为 $1000 \times 1.3 = 1300$（A）。

【举例 16】 125×6 的铝排，其安全载流量为多少？若为铜排，其安全载流量为多少？

$125 \times 6 \times 2.5 = 1875$（A）

若为铜排，其安全载流量为 $1875 \times 1.3 = 2437.5$（A）。

【举例 17】75×8 的铝排，其安全载流量为多少？若为铜排，其安全载流量为多少？

$75 \times 8 \times 2 = 1200$（A）

若为铜排，其安全载流量为 $1200 \times 1.3 = 1560$（A）。

【举例 18】100×10 的铝排，其安全载流量为多少？若为铜排，其安全载流量为多少？

$100 \times 10 \times 1.8 = 1800$（A）

若为铜排，其安全载流量为 $1800 \times 1.3 = 2340$（A）

表 4.1 所示为矩形截面铝母线一片放置时的安全载流量，表 4.2 所示为矩形截面铝母线二片、三片并用放置时的安全载流量。

表 4.1　矩形截面铝母线安全载流量（A，一片独立放置）

母线尺寸（宽 × 厚，mm）	一片独立放置	母线尺寸（宽 × 厚，mm）	一片独立放置
25 × 3	230	60 × 10	1010
30 × 3	270	80 × 6	1020
30 × 4	330	80 × 8	1150
40 × 4	420	80 × 10	1300
50 × 5	480	100 × 6	1250
50 × 6	580	100 × 8	1450
60 × 5	700	100 × 10	1600
60 × 6	760	120 × 8	1650
60 × 8	900		

表 4.2　矩形截面铝母线安全载流量（A，二片、三片并用放置）

母线尺寸（宽 × 厚，mm）	二片并用放置	三片并用放置	母线尺寸（宽 × 厚，mm）	二片并用放置	三片并用放置
60 × 6	1190	1500	60 × 10	1750	2350
60 × 8	1480	1900	80 × 6	1450	1850

续表 4.2

母线尺寸（宽 × 厚，mm）	二片并用放置	三片并用放置	母线尺寸（宽 × 厚，mm）	二片并用放置	三片并用放置
80 × 8	1800	2300	100 × 8	2120	3650
80 × 10	2120	2730	100 × 10	2500	3200
100 × 6	1700	2200	120 × 8	2320	2950

4.3 铜母线（铜排）安全载流量估算

口 诀：

> 铜排厚度 3～4 毫米，宽乘厚度再乘 4[①]；
> 铜排厚度 5～6 毫米，宽乘厚度再乘 3.3[②]；
> 铜排厚度 8 毫米，宽乘厚度再乘 2.6[③]；
> 铜排厚度 10 毫米以上，宽乘厚度再乘 2.4[④]。
> 知道铜排求铝排，结果再除 1.3[⑤]。

说 明：

铜排（又叫铜母线），广泛应用在电气领域。这里讲的主要是知道了铜排的厚度，就能知道此厚度的铜排每平方毫米（mm^2）所能承载的安全载流量（A）。算法就是用铜排的宽度乘以厚度得出铜排的截面积，再乘以口诀中的系数。

① “铜排厚度 3～4 毫米，宽乘厚度再乘 4”。

【举例 1】 30×3 的铜排，安全载流量为多少？

30×3×4=360（A）

【举例 2】 40×4 的铜排，安全载流量为多少？

40×4×4=640（A）

② “铜排厚度 5～6 毫米，宽乘厚度再乘 3.3”。

【举例 3】 50×5 的铜排，安全载流量为多少？

50×5×3.3=825（A）

【举例 4】 60×6 的铜排，安全载流量为多少？

60×6×3.3=1188（A）

③ “铜排厚度 8 毫米，宽乘厚度乘 2.6”。

【举例 5】 80×8 的铜排，安全载流量为多少？

$80\times8\times2.6=1664$（A）

【举例 6】 100×8 的铜排，安全载流量为多少？

$100\times8\times2.6=2080$（A）

④ “铜排厚度 10 毫米以上，宽乘厚度乘 2.4”。

【举例 7】 100×10 的铜排，安全载流量为多少？

$100\times10\times2.4=2400$（A）

⑤ “知道铜排求铝排，结果再除 1.3”。

现在已对铜排了如指掌，心中有数了。那么，相同规格的铝排，它的载流量是多少呢？

【举例 8】 40×4 的铜排，其安全载流量为 $40\times4\times4=640$（A）；若为铝排，其安全载流量则为 $640\div1.3\approx492$（A）。

【举例 9】 50×5 的铜排，其安全载流量为 $50\times5\times3.3=825$（A）；若为铝排，其安全载流量则为 $825\div1.3\approx635$（A）。

【举例 10】 60×6 的铜排，其安全载流量为 $60\times6\times3.3=1188$（A）；若为铝排，其安全载流量则为 $1188\div1.3\approx914$（A）。

【举例 11】 80×8 的铜排，其安全载流量为 $80\times8\times2.6=1664$（A）；若为铝排，其安全载流量则为 $1664\div1.3=1280$（A）。

【举例 12】 100×10 的铜排，其安全载流量为 $100\times10\times2.4=2400$（A）；若为铝排，其安全载流量则为 $2400\div1.3\approx1846$（A）。

表 4.3 所示为矩形截面铜母线一片独立放置时的安全载流量。

表 4.3　矩形截面铜母线安全载流量（A，一片独立放置）

母线尺寸（宽 × 厚，mm）	一片独立放置	母线尺寸（宽 × 厚，mm）	一片独立放置
25 × 3	300	50 × 6	850
30 × 3	355	60 × 5	900
30 × 4	420	60 × 6	1000
40 × 4	550	60 × 8	1150
50 × 5	750	60 × 10	1350

续表 4.3

母线尺寸（宽 × 厚，mm）	一片独立放置	母线尺寸（宽 × 厚，mm）	一片独立放置
80 × 6	1300	100 × 8	1850
80 × 8	1500	100 × 10	2050
80 × 10	1650	120 × 8	2100
100 × 6	1160		

表 4.4 所示为矩形截面铜母线二片、三片并用放置时的安全载流量。

表 4.4　矩形截面铜母线安全载流量（A，二片、三片并用放置）

母线尺寸（宽 × 厚，mm）	二片并用放置	三片并用放置	母线尺寸（宽 × 厚，mm）	二片并用放置	三片并用放置
60 × 6	1530	1950	80 × 10	2750	3500
60 × 8	1900	2450	100 × 6	2150	2800
60 × 10	2250	2900	100 × 8	2700	3450
80 × 6	1850	2400	100 × 10	3150	4050
80 × 8	2300	2950	120 × 8	2990	3800

表 4.5 所示为常见铜排的规格。

表 4.5　常见铜排规格

铜排规格（宽 × 厚，mm）	
	12 × 3、15 × 3、20 × 3、25 × 3、30 × 3、40 × 3、45 × 3、50 × 3、70 × 3、75 × 3、80 × 3
	15 × 4、16 × 4、20 × 4、25 × 4、30 × 4、40 × 4、50 × 4、60 × 4、80 × 4
	15 × 5、20 × 5、25 × 5、28 × 5、30 × 5、35 × 5、40 × 5、45 × 5、50 × 5、60 × 5、63 × 5、80 × 5、100 × 5、120 × 5、140 × 5
	20 × 6、25 × 6、30 × 6、35 × 6、40 × 6、45 × 6、50 × 6、63 × 6、65 × 6、75 × 6、100 × 6、110 × 6、120 × 6、125 × 6、140 × 6、150 × 6、170 × 6
	20 × 8、25 × 8、30 × 8、32 × 8、40 × 8、50 × 8、53 × 8、55 × 8、60 × 8、63 × 8、65 × 8、70 × 8、75 × 8、80 × 8、90 × 8、100 × 8、110 × 8、120 × 8、125 × 8、130 × 8、135 × 8
	100 × 9、120 × 9
	10 × 10、20 × 10、30 × 10、40 × 10、50 × 10、56 × 10、60 × 10、63 × 10、70 × 10、80 × 10、100 × 10

4.4　BV 塑料铜芯线数据

口　诀：

BV 导线截面、根数和线径，一一对应看得清。
$1mm^2$ 导线单根线径 1.13mm，
$1.5mm^2$ 导线单根线径 1.37mm，
$2.5mm^2$ 导线单根线径 1.76mm，
$4mm^2$ 导线单根线径 2.24mm，
$6mm^2$ 导线单根线径 2.73mm，
$10mm^2$ 导线 7 根线径 1.33mm，
$16mm^2$ 导线 7 根线径 1.68mm，
$25mm^2$ 导线 7 根线径 2.11mm，
$35mm^2$ 导线 7 根线径 2.49mm，
$50mm^2$ 导线 19 根线径 1.81mm，
$70mm^2$ 导线 19 根线径 2.14mm，
$95mm^2$ 导线 19 根线径 2.49mm，
$120mm^2$ 导线 37 根线径 2.01mm。

4.5 常用铜芯绝缘导线安全载流量估算

口 诀：

> 1mm^2 电流 19A，1.5mm^2 用 19A 电流 ×1.3，
> 2.5mm^2 用 19A 电流 ×1.3×1.3，
> 4mm^2 用 19A 电流 ×1.3×1.3×1.3，
> 6mm^2 用 19A 电流 ×1.3×1.3×1.3×1.3。
> 6mm^2 电流 55A，10mm^2 用 55A 电流 ×1.4，
> 16mm^2 用 55A 电流 ×1.4×1.4。
> 16mm^2 电流 105A，25mm^2 用 105A 电流 ×1.25，
> 35mm^2 用 105A 电流 ×1.25×1.25，
> 50mm^2 用 105A 电流 ×1.25×1.25×1.25，
> 70mm^2 用 105A 电流 ×1.25×1.25×1.25×1.25，
> 95mm^2 用 105A 电流 ×1.25×1.25×1.25×1.25×1.25。
> 95mm^2 电流 325A，120mm^2 用 325A 电流 ×1.15，
> 150mm^2 用 325A 电流 ×1.15×1.15，
> 185mm^2 用 325A 电流 ×1.15×1.15×1.15。

【举例 1】 1mm^2 铜芯绝缘导线，其安全载流量为多少？

解：口诀中直接给出，1mm^2 电流 19A。

答：1mm^2 铜芯绝缘导线，其安全载流量为 19A。

【举例 2】 1.5mm^2 铜芯绝缘导线，其安全载流量估算为多少？

解：用 1mm^2 铜芯绝缘导线的电流 19A，乘以 1 个 1.3 倍，即

$$19 \times 1.3 = 24.7\ (\text{A})$$

答：1.5mm^2 铜芯绝缘导线，其安全载流量估算为 24.7A。查《电工手册》，1.5mm^2 的 BV、BVR 铜芯绝缘导线安全载流量为 24A，估算电流为 24.7A，误差很小。

【举例 3】 2.5mm^2 铜芯绝缘导线，其安全载流量估算为多少？

解：用 1mm^2 铜芯绝缘导线的电流 19A，连续乘以 2 个 1.3 倍，即

$$19\times(1.3\times1.3)=32.11\ (\mathrm{A})$$

答：查《电工手册》，2.5mm^2 的 BV、BVR 铜芯绝缘导线安全载流量为 32A，估算电流为 32.11A，误差很小。

【举例 4】 4mm^2 铜芯绝缘导线，其安全载流量估算为多少？

解：用 1mm^2 铜芯绝缘导线的电流 19A，连续乘以 3 个 1.3 倍，即

$$19\times(1.3\times1.3\times1.3)\approx41.74\ (\mathrm{A})$$

答：查《电工手册》，4mm^2 的 BV、BVR 铜芯绝缘导线安全载流量为 42A，估算电流为 41.74A，误差很小。

【举例 5】 6mm^2 铜芯绝缘导线，其安全载流量估算为多少？

解：直接给出 6mm^2 铜芯绝缘导线，安全载流量为 55A。

也可以用 1mm^2 铜芯绝缘导线的电流 19A，连续乘以 4 个 1.3 倍，即

$$19\times(1.3\times1.3\times1.3\times1.3)\approx54.27\ (\mathrm{A})$$

答：两种方法结果基本一致。

【举例 6】 10mm^2 铜芯绝缘导线，其安全载流量估算为多少？

解：用 6mm^2 铜芯绝缘导线的电流 55A，乘以 1 个 1.4 倍，即

$$55\times1.4=77\ (\mathrm{A})$$

答：其安全载流量估算为 77A，查《电工手册》为 75A，误差很小。

【举例 7】 16mm^2 铜芯绝缘导线，其安全载流量估算为多少？

解：用 6mm^2 铜芯绝缘导线的电流 55A，连续乘以 2 个 1.4 倍，即

$$55\times(1.4\times1.4)=107.8\ (\mathrm{A})$$

答：其安全载流量估算为 107.8A，查《电工手册》为 105A，误差很小。

【举例 8】 25mm^2 铜芯绝缘导线，其安全载流量估算为多少？

解：用 16mm^2 铜芯绝缘导线的电流 105A，乘以 1 个 1.25 倍，即

$$105\times1.25=131.25\ (\mathrm{A})$$

答：其安全载流量估算为 131.25A，查《电工手册》为 138A，误差很小。

【举例 9】 35mm^2 铜芯绝缘导线，其安全载流量估算为多少？

解：用 16mm^2 铜芯绝缘导线的电流 105A，连续乘以 2 个 1.25 倍，即

$$105\times(1.25\times1.25)\approx164.06\ (A)$$

答：其安全载流量估算为 164.06A，查《电工手册》为 170A，误差很小。

【举例 10】 50mm^2 铜芯绝缘导线，其安全载流量估算为多少？

解：用 16mm^2 铜芯绝缘导线的电流 105A，连续乘以 3 个 1.25 倍，即

$$105\times(1.25\times1.25\times1.25)\approx205.08\ (A)$$

答：其安全载流量估算电流为 205.08A，查《电工手册》为 215A，误差很小。

【举例 11】 70mm^2 铜芯绝缘导线，其安全载流量估算为多少？

解：用 16mm^2 铜芯绝缘导线的电流 105A，连续乘以 4 个 1.25 倍，即

$$105\times(1.25\times1.25\times1.25\times1.25)\approx256.35\ (A)$$

答：其安全载流量估算电流为 256.35A，查《电工手册》为 260A，误差很小。

【举例 12】 95mm^2 铜芯绝缘导线，其安全载流量估算为多少？

解：直接给出 95mm^2 铜芯绝缘导线，其安全载流量为 325A。

也可以用 16mm^2 铜芯绝缘导线的电流 105A，连续乘以 5 个 1.25 倍，即

$$105\times(1.25\times1.25\times1.25\times1.25\times1.25)\approx320.43\ (A)$$

答：两种方法结果基本一致。

【举例 13】 120mm^2 铜芯绝缘导线，其安全载流量估算为多少？

解：用 95mm^2 铜芯绝缘导线的电流 325A，乘以 1 个 1.15 倍，即

$$325\times1.15=373.75\ (A)$$

答：其安全载流量估算电流为 373.75A，查《电工手册》为 375A，误差很小。

【举例 14】 150mm^2 铜芯绝缘导线，其安全载流量估算为多少？

解：用 95mm^2 铜芯绝缘导线的电流 325A，连续乘以 2 个 1.15 倍，即

$$325\times(1.15\times1.15)\approx429.81\ (A)$$

答：其安全载流量估算为 429.81A，查《电工手册》为 430A，误差很小。

【举例 15】 185mm² 铜芯绝缘导线，其安全载流量估算为多少？

解：用 95mm² 铜芯绝缘导线的电流 325A，连续乘以 3 个 1.15 倍，即

$$325 \times (1.15 \times 1.15 \times 1.15) \approx 494.28\,(A)$$

答: 其安全载流量估算电流为494.28A,查《电工手册》为490A,误差很小。

表 4.6 所示为 BV、BLV、BVR、BX、BLX、BXR 型单芯电线单根敷设时的空气载流量。

表 4.6　BV、BLV、BVR、BX、BLX、BXR 型单芯电线单根敷设空气载流量

长期连续载流量（A）				
型　号	铜　芯		铝　芯	
标称截面积（mm²）	BV BVR	BX BXR	BLV	BLX
0.75	16	18	—	—
1.0	19	21	—	—
1.5	24	27	18	19
2.5	32	35	25	27
4	42	45	32	35
6	55	58	42	45
10	75	85	55	65
16	105	110	80	85
5	138	145	105	110
35	170	180	130	138
50	215	230	165	175
70	260	285	205	220
95	325	345	250	265
120	375	400	285	310
150	430	470	325	360
185	490	540	380	420
240	—	660	—	510
300	—	770	—	600
400	—	940	—	730
500	—	1100	—	850
630	—	1250	—	980

4.6 导线穿管口诀

口 诀：

ϕ15 的钢管可穿 3 根 2.5mm^2 的导线，
ϕ20 的钢管可穿 4mm^2 和 6mm^2，
ϕ25 的钢管可穿 10mm^2，
ϕ32 的钢管可穿 16mm^2 和 25mm^2，
ϕ40 的钢管可穿 35mm^2，
ϕ50 的钢管可穿 50mm^2 和 70mm^2，
ϕ70 的钢管可穿 95mm^2，
ϕ80 的钢管可穿 120mm^2 和 150mm^2。
以上穿管有规律，
ϕ15、ϕ25、ϕ40、ϕ70 只能穿一种规格的导线，
ϕ20、ϕ32、ϕ50、ϕ80 能穿二种规格的导线。
钢管导线从小到大顺序走，先单后双轮流来。

说 明：

对于导线穿管，可根据实际情况而定，材质可选择钢管或塑料。通常要求穿入管内的导线净空截面积不超过钢管截面积的 2/5，管内所穿为 3 根同截面积的导线，实际上再加上一根一半截面积的零线或一根截面积小的保护线，也是可以的。

本口诀仔细看一下是有规律的，钢管顺序排列，单号可穿入一种规格的导线；双号可穿入两种不同规格的导线，注意不是同时穿入，是可以穿入一种或另一种。

4.7　常用导线配电动机容量快速估算

口　诀：

常用铝芯绝缘线，导线加数配电机。
2.5mm^2 加 3 配 5.5kW，4mm^2 加 4 配 8kW。
6mm^2 至 95mm^2 都加 5，全部都为千瓦数。
6mm^2 加 5 配 11kW，10mm^2 加 5 配 15kW，
16mm^2 加 5 配 21kW，25mm^2 加 5 配 30kW，
35mm^2 加 5 配 40kW，50mm^2 加 5 配 55kW，
70mm^2 加 5 配 75kW，95mm^2 加 5 配 100kW。
若用铜芯绝缘线，紧靠截面全升级。
2.5mm^2 铜芯配 8kW，4mm^2 铜芯配 11kW，
6mm^2 铜芯配 15kW，10mm^2 铜芯配 21kW，
16mm^2 铜芯配 30kW，25mm^2 铜芯配 40kW，
35mm^2 铜芯配 55kW，50mm^2 铜芯配 75kW，
70mm^2 铜芯配 100kW，95mm^2 铜芯配 110kW。

【举例 1】 问 2.5mm^2 塑料铝芯导线，能带多大功率的三相 380V 异步电动机工作？

解：用“2.5mm^2 加 3 配 5.5kW”估算得

$$2.5+3=5.5\ (\text{kW})$$

答：2.5mm^2 塑料铝芯导线能带 5.5kW 的三相异步电动机工作。

【举例 2】 问 4mm^2 塑料铝芯导线，能带多大功率的三相 380V 异步电动机工作？

解：用“4mm^2 加 4 配 8kW”估算得

$$4+4=8\ (\text{kW})$$

答：4mm^2 塑料铝芯导线能带 8kW 的三相异步电动机工作。

【举例 3】 问 6mm^2 塑料铝芯导线，能带多大功率的三相 380V 异步电动机工作？

解：用“6mm^2 至 95mm^2 都加 5”估算得

$$6+5=11\ (\text{kW})$$

答：6mm^2 塑料铝芯导线能带 11kW 的三相异步电动机工作。

【举例 4】 问 10mm^2 塑料铝芯导线，能带多大功率的三相 380V 异步电动机工作？

解：用“6mm^2 至 95mm^2 都加 5”估算得

$$10+5=15\ (\text{kW})$$

答：10mm^2 塑料铝芯导线能带 15kW 的三相异步电动机工作。

【举例 5】 问 16mm^2 塑料铝芯导线，能带多少功率的三相 380V 异步电动机工作？

解：用“6mm^2 至 95mm^2 都加 5”估算得

$$16+5=21\ (\text{kW})$$

答：16mm^2 塑料铝芯导线，能带 21kW 的三相异步电动机工作。

【举例 6】 问 25mm^2 塑料铝芯导线，能带多大功率的三相 380V 异步电动机工作？

解：用“6mm^2 至 95mm^2 都加 5”估算得

$$25+5=30\ (\text{kW})$$

答：25mm^2 塑料铝芯导线能带 30kW 的三相异步电动机工作。

【举例 7】 问 35mm^2 塑料铝芯导线，能带多大功率的三相 380V 异步电动机工作？

解：用“6mm^2 至 95mm^2 都加 5”估算得

$$35+5=40\ (\text{kW})$$

答：35mm^2 塑料铝芯导线能带 40kW 的三相异步电动机工作。

【举例 8】 问 50mm^2 塑料铝芯导线，能带多大功率的三相 380V 异步电动机工作？

解：用“$6mm^2$ 至 $95mm^2$ 都加 5”估算得

$$50+5=55\ (kW)$$

答：$50mm^2$ 塑料铝芯导线能带 55kW 的三相异步电动机工作。

【举例 9】 问 $70mm^2$ 塑料铝芯导线，能带多大功率的三相 380V 异步电动机工作？

解：用“$6mm^2$ 至 $95mm^2$ 都加 5”估算得

$$70+5=75\ (kW)$$

答：$70mm^2$ 塑料铝芯导线能带 75kW 的三相异步电动机工作。

【举例 10】 问 $95mm^2$ 塑料铝芯导线，能带多大功率的三相 380V 异步电动机工作？

解：用“$6mm^2$ 至 $95mm^2$ 都加 5”估算得

$$95+5=100\ (kW)$$

答：$95mm^2$ 塑料铝芯导线能带 100kW 的三相 380V 异步电动机工作。

【举例 11】 问 $2.5mm^2$ 塑料铜芯导线，能带多大功率的三相 380V 异步电动机工作？

解：用“若用铜芯绝缘线，紧靠截面全升级”估算。那么紧靠 $2.5mm^2$ 铝线截面积升一级的是 $4mm^2$ 铝线，则 4+4=8（kW）。也就是说，$2.5mm^2$ 铜线所带电动机的容量与 $4mm^2$ 铝线所带电动机的容量基本相同。

答：$2.5mm^2$ 塑料铜芯导线能带 8kW 电动机，与用 $4mm^2$ 塑料铝芯导线所带电动机容量相同，这就叫“紧靠截面全升级”。

【举例 12】 问 $4mm^2$ 塑料铜芯导线，能带多大功率的三相 380V 异步电动机工作？

解：用“若用铜芯绝缘线，紧靠截面全升级”估算。那么紧靠 $4mm^2$ 铝线截面积升一级的是 $6mm^2$ 铝线，则 6+5=11（kW）。也就是说，$4mm^2$ 的铜线所带电动机的容量与 $6mm^2$ 铝线所带电动机的容量基本相同。

答：$4mm^2$ 塑料铜芯导线能带 11kW 电动机，与用 $6mm^2$ 塑料铝芯导线所带电动机容量相同。

【举例 13】 问 6mm^2 塑料铜芯导线，能带多大功率的三相 380V 异步电动机工作？

解：用“若用铜芯绝缘线，紧靠截面全升级”估算。那么紧靠 6mm^2 铝芯截面积升一级的是 10mm^2 铝线，则 10+5=15（kW）。也就是说，6mm^2 铜线所带电动机的容量与 10mm^2 铝线所带电动机的容量基本相同。

答：6mm^2 塑料铜芯导线能带 15kW 电动机，与用 10mm^2 塑料铝芯导线所带电动机容量相同。

【举例 14】 问 10mm^2 塑料铜芯导线，能带多大功率的三相 380V 异步电动机工作？

解：用“若用铜芯绝缘线，紧靠截面全升级”估算。那么紧靠 10mm^2 铝芯截面积升一级的是 16mm^2 铝线，则 16+5=21（kW）。也就是说，10mm^2 铜线所带电动机的容量与 16mm^2 铝线所带电动机的容量基本相同。

答：10mm^2 塑料铜芯导线能带 21kW 电动机，与用 16mm^2 塑料铝芯导线所带电动机容量相同。

【举例 15】 问 16mm^2 塑料铜芯导线，能带多大功率的三相 380V 异步电动机工作？

解：用“若用铜芯绝缘线，紧靠截面全升级”估算。那么紧靠 16mm^2 铝芯截面积升一级的是 25mm^2 铝线，则 25+5=30（kW）。也就是说，16mm^2 铜线所带电动机的容量与 25mm^2 铝线所带电动机的容量基本相同。

答：16mm^2 塑料铜芯导线能带 30kW 电动机，与用 25mm^2 塑料铝芯导线所带电动机容量相同。

【举例 16】 问 25mm^2 塑料铜芯导线，能带多大功率的三相 380V 异步电动机工作？

解：用“若用铜芯绝缘线，紧靠截面全升级”估算。那么紧靠 25mm^2 铝芯截面积升一级的是 35mm^2 铝线，则 35+5=40（kW）。也就是说，25mm^2 铜线所带电动机的容量与 35mm^2 铝线所带电动机的容量基本相同。

答：25mm^2 塑料铜芯导线能带 40kW 电动机，与用 35mm^2 塑料铝芯导线所带电动机容量相同。

【举例 17】 问 35mm^2 塑料铜芯导线，能带多大功率的三相 380V 异步电动机工作？

解：用“若用铜芯绝缘线，紧靠截面全升级”估算。那么紧靠 35mm^2 铝芯截面积升一级的是 50mm^2 铝线，则 50+5=55（kW）。也就是说，35mm^2 铜线所带电动机的容量与 50mm^2 铝线所带电动机的容量基本相同。

答：35mm^2 塑料铜芯导线能带 55kW 电动机，与用 50mm^2 塑料铝芯导线所带电动机容量相同。

【举例 18】 问 50mm^2 塑料铜芯导线，能带多大功率的三相 380V 异步电动机工作？

解：用“若用铜芯绝缘线，紧靠截面全升级”估算。那么紧靠 50mm^2 铝芯截面积升一级的是 70mm^2 铝线，则 70+5=75（kW）。也就是说，50mm^2 铜线所带电动机的容量与 70mm^2 铝线所带电动机的容量基本相同。

答：50mm^2 塑料铜芯导线能带 75kW 电动机，与用 70mm^2 塑料铝芯导线所带电动机容量相同。

【举例 19】 问 70mm^2 塑料铜芯导线，能带多大功率的三相 380V 异步电动机工作？

解：用“若用铜芯绝缘线，紧靠截面全升级”估算。那么紧靠 70mm^2 铝芯截面积升一级的是 95mm^2 铝线，则 95+5=100（kW）。也就是说，70mm^2 铜线所带电动机的容量与 95mm^2 铝芯所带电动机的容量基本相同。

答：70mm^2 塑料铜芯导线能带 100kW 电动机，与用 95mm^2 塑料铝芯导线所带电动机容量相同。

4.8　国标常用三相五线制铜芯电缆配电动机容量估算

口　诀：

$2.5mm^2$ 铜芯缆，配用电机容量 5.5kW。
$4mm^2$ 铜芯缆，配用电机容量 7.5kW。
$6mm^2$ 铜芯缆，配用电机容量 12kW。
$10mm^2$ 铜芯缆，配用电机容量 15kW。
$16mm^2$ 铜芯缆，配用电机容量 22kW。
$25mm^2$ 铜芯缆，配用电机容量 37kW。
$35mm^2$ 铜芯缆，配用电机容量 55kW。
$50mm^2$ 铜芯缆，配用电机容量 75kW。

第5章

电焊机口诀

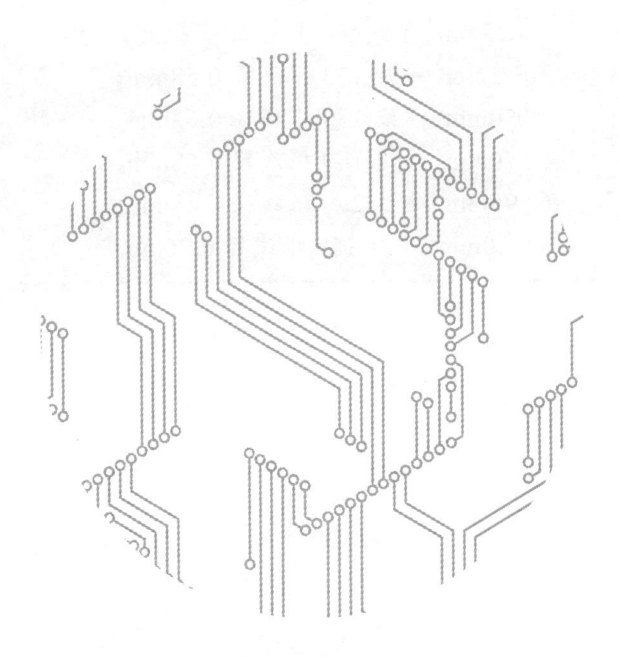

5.1　BVR 塑料铜芯导线数据

口　诀：

BVR 导线截面、根数和线径，一一对应看得清。
$1mm^2$ 导线 7 根线径 0.43mm，
$1.5mm^2$ 导线 7 根线径 0.52mm，
$2.5mm^2$ 导线 19 根线径 0.41mm，
$4mm^2$ 导线 19 根线径 0.52mm，
$6mm^2$ 导线 19 根线径 0.64mm，
$10mm^2$ 导线 19 根线径 0.82mm，
$16mm^2$ 导线 49 根线径 0.64mm，
$25mm^2$ 导线 98 根线径 0.58mm，
$35mm^2$ 导线 133 根线径 0.58mm，
$50mm^2$ 导线 133 根线径 0.68mm，
$70mm^2$ 导线 189 根线径 0.68mm，
$95mm^2$ 导线 259 根线径 0.68mm，
$120mm^2$ 导线 259 根线径 0.76mm。

5.2 单相 380V 电焊机空载功率估算

口 诀：

> 单相 380V 焊机，容量乘以 20 倍。
> 单位千万别搞错，乘积之后单位瓦。

说 明：

单相 380V 电焊机常常在操作人员离开后仍通电运转，造成不必要的电能浪费。要想知道电焊机的空载功率，可用简单的方法进行估算，即用电焊机容量（kV·A）乘以 20，得出电焊机空载功率，单位为瓦（W）。

【举例 1】 一台单相 380V，容量为 32kV · A 的交流电焊机，问其空载功率为多少？

解： $32 \times 20 = 640$（W）

答：此电焊机空载功率为 640W 左右。

【举例 2】 一台单相 380V，容量为 25kV · A 的交流电焊机，问其空载功率为多少？

解： $25 \times 20 = 500$（W）

答：此电焊机空载功率为 500W 左右。

【举例 3】 一台单相 380V，容量为 30kV · A 的交流电焊机，问其空载功率为多少？

解： $30 \times 20 = 600$（W）

答：此电焊机空载功率为 600W 左右。

【举例 4】 一台单相 380V，容量为 35kV · A 的交流电焊机，问其空载功率为多少？

解： $35 \times 20 = 700$（W）

答：此电焊机空载功率为 700W 左右。

【举例 5】 一台单相 380V，容量为 40kV · A 的交流电焊机，问其空载功率为多少？

解：　　$40 \times 20 = 800$（W）

答：此电焊机空载功率为 800W 左右。

5.3 单相 380V 电阻电焊机配电电流估算（一）

口 诀：

> 单相 380V 电阻焊机，容量乘以 2.6。
> 焊机容量不过半，结果除以 2 来算。

【举例 1】 一台单相 380V 的电阻电焊机，容量为 40kV · A，问其电阻电焊机支路配电电流为多少?

解： $40 \times 2.6=104$（A）

$104 \div 2=52$（A）

答：其电阻电焊机支路配电电流为 52A。

5.4　单相 380V 电阻电焊机配电电流估算（二）

口　诀：

> 电阻焊机求配电电流，容量乘以 1.3。

【举例 1】 一台单相 380V 的电阻电焊机，容量为 50kV · A，问其电阻电焊机支路配电电流为多少？

解：　　$50 \times 1.3 = 65$（A）

答：此电阻电焊机支路配电电流为 65A。

【举例 2】 一台单相 380V 的电阻电焊机，容量为 40kV · A，问其电阻电焊机支路配电电流为多少？

解：　　$40 \times 1.3 = 52$（A）

答：此电阻电焊机支路配电电流为 52A。

5.5 单相 380V 电焊机熔体保护电流估算（一）

口 诀：

单相 380V 电焊机，熔体乘以 4 倍容量。

说 明：

本口诀适用于对单相 380V 电焊机熔体电流进行估算。也就是说，电焊机熔体保护电流可按电焊机容量的 4 倍左右求出。实际上，此值也是按照 380V 电焊机保护电流是额定电流的 1.5 倍左右推算出来的。

【举例 1】 一台单相 380V，容量为 32kV · A 的交流电焊机，问其熔体保护电流为多少？

解：　　$32\times4=128$（A）

答：此电焊机保护熔体电流为 128A。

【举例 2】 一台单相 380V，容量为 21kV · A 的交流电焊机，问其熔体保护电流为多少？

解：　　$21\times4=84$（A）

答：此电焊机保护熔体电流为 84A。

5.6 单相 380V 电焊机熔体保护电流估算（二）

口　诀：

> 单相 380V 电焊机过电流保护，
> 电焊机额定电流 1.5 倍求。

说　明：

单相 380V 电焊机，其额定电流按照电焊机容量的 2.6 倍左右估算，而过电流熔体保护应按照电焊机额定电流的 1.5 倍进行估算。

【举例 1】 一台单相 380V 电焊机，容量为 35kV · A，问选用多大的熔断器作过流保护?

解：电焊机额定电流为

$35\times2.6=91$（A）

电焊机熔体保护电流为

$91\times1.5=136.5$（A）

靠近 136.5A 的熔断器为 150A。

答：应选用 150A 的熔断器作为熔体保护。

【举例 2】 一台单相 380V 电焊机，容量为 40kV · A，问选用多大的熔断器作过流保护?

解：电焊机额定电流为

$40\times2.6=104$（A）

电焊机熔体保护电流为

$104\times1.5=156$（A）

答：应选用靠近 156A 的熔断器作为熔体保护。

5.7 单相 220V 电焊机熔体保护电流估算（一）

口 诀：

单相 220V 电焊机，熔体乘以 7 倍容量。

说 明：

本口诀适用于对单相 220V 电焊机熔体电流进行估算。也就是说，电焊机熔体保护的电流可按电焊机容量的 7 倍左右求出。实际上，此值也是按照 220V 电焊机保护电流是额定电流的 1.5 倍左右推算出来的。

【举例 1】 一台单相 220V 电焊机，容量为 30kV · A，问选用多大的熔断器作过流保护？

解： 30 × 7=210（A）

靠近 210A 的熔断器为 200A。

答：应选用 200A 的熔断器作过流保护。

【举例 2】 一台单相 220V 电焊机，容量为 21kV · A，问选用多大的熔断器作过流保护？

解： 21 × 7=147（A）

靠近 147A 的熔断器为 150A。

答：应选用 150A 的熔断器作过流保护。

5.8　单相 220V 电焊机熔体保护电流估算（二）

口　诀：

单相 220V 电焊机过电流保护，
电焊机额定电流 1.5 倍求。

说　明：

单相 220V 电焊机，其额定电流按照电焊机容量的 4.5 倍左右估算，而过电流熔体保护应按照电焊机额定电流的 1.5 倍进行估算。

【举例 1】 一台单相 220V 电焊机，容量为 40kV · A，问应选用多大的熔断器作为熔体保护？

解：电焊机额定电流为

$$40 \times 4.5 = 180\ (\text{A})$$

电焊机熔体保护电流为

$$180 \times 1.5 = 270\ (\text{A})$$

靠近 270A 的熔断器为 300A。

答：应选用 300A 的熔断器作为熔体保护。

【举例 2】 一台单相 220V 电焊机，容量为 25kV · A，问应选用多大的熔断器作为熔体保护？

解：电焊机额定电流为

$$25 \times 4.5 = 112.5\ (\text{A})$$

电焊机熔体保护电流为

$$112.5 \times 1.5 = 168.75\ (\text{A})$$

靠近 168.75A 的熔断器为 150A。

答：应选用 150A 的熔断器作为熔体保护。

5.9 单相 380V 交流电焊机一次侧额定电流估算

口 诀：

> 交流电焊机，单相三百八，
> 容量已知道，电流需算好，
> 单位千伏安，电流两倍六。

说 明：

交流电焊机种类繁多，应用广泛，较常用的有单相 220V 和单相 380V。

如何估算单相 380V 交流电焊机一次侧（输入）电流呢？其实很简单，用电焊机容量（kV·A）直接乘以 2.6 倍即可。

【举例 1】 一台型号为 BX3-400 的交流弧焊机，电源电压单相 380V，输入容量 30.8kV·A，问其一次侧输入电流是多少？

解： $30.8\times2.6\approx80$（A）

答：该交流弧焊机一次侧输入电流为 80A。

【举例 2】 一台型号为 BX1-315 的交流弧焊机，电源电压单相 380V，输入容量 22.8kV·A，问其一次侧输入电流是多少？

解： $22.8\times2.6\approx59$（A）

答：该交流弧焊机一次侧输入电流为 59A。

5.10　单相380V交流电焊机二次侧输出电流估算

口　诀：

> 单相380V交流电焊机，二次侧输出电流如何求？
> 焊机容量乘13，得出此值输出流。

说　明：

对于单相380V交流电焊机，其二次侧（次级）输出电流为电焊机输入容量的13倍。

【举例1】一台单相380V交流电焊机，容量为25kV·A，问其二次侧（次级）输出电流为多少？

解：　$25\times13=325$（A）

答：此电焊机二次侧（次级）输出电流为325A。

【举例2】一台单相380V交流电焊机，容量为30kV·A，问其二次侧（次级）输出电流为多少？

解：　$30\times13=390$（A）

答：此电焊机二次侧（次级）输出电流为390A。

【举例3】一台单相380V交流电焊机，容量为35kV·A，问其二次侧（次级）输出电流为多少？

解：　$35\times13=455$（A）

答：此电焊机二次侧（次级）输出电流为455A。

【举例4】一台单相380V交流电焊机，容量为40kV·A，问其二次侧（次级）输出电流为多少？

解：　$40\times13=520$（A）

答：此电焊机二次侧（次级）输出电流为520A。

5.11 已知单相380V电焊机输出电流求空载电流

口 诀:

单相380V电焊机，知道输出电流求空载电流，
输出电流除以75。

说 明:

所谓的电焊机输出电流就是电焊机容量，但不是输入容量。输入容量单位是kV·A，输出电流在电焊机型号中就给出了，如BX-400，型号中的“400”就是输出电流，也叫焊接电流。

【举例1】 一台单相380V交流电焊机，容量为30kV·A，输出电流为400A，问空载电流为多少?

解: $400 \div 75 \approx 5.3$（A）

答：此台30kV·A电焊机空载电流为5.3A。

【举例2】 一台单相380V交流电焊机，容量为25kV·A，输出电流为300A，问空载电流为多少?

解: $300 \div 75 = 4$（A）

答：此台25kV·A电焊机空载电流为4A。

【举例3】 一台单相380V交流电焊机，容量为35kV·A，输出电流为500A，问空载电流为多少?

解: $500 \div 75 \approx 6.7$（A）

答：此台35kV·A的电焊机空载电流为6.7A。

5.12　已知单相 380V 交流电焊机容量求空载电流

口　诀：

焊机空载电流，容量乘以 0.2。

说　明：

对于单相 380V 交流电焊机，欲想求出其空载电流，可用电焊机容量直接乘以 0.2 倍估算。

【举例 1】 一台单相 380V 交流电焊机，容量为 40kV · A，问其空载电流为多少？

解：　　$40 \times 0.2 = 8$（A）

答：此 40kV · A 电焊机空载电流为 8A。

【举例 2】 一台单相 380V 交流电焊机，容量为 35kV · A，问其空载电流为多少？

解：　　$35 \times 0.2 = 7$（A）

答：此 35kV · A 电焊机空载电流为 7A。

【举例 3】 一台单相 380V 交流电焊机，容量为 30kV · A，问其空载电流为多少？

解：　　$30 \times 0.2 = 6$（A）

答：此 30kV · A 电焊机空载电流为 6A。

【举例 4】 一台单相 380V 交流电焊机，容量为 25kV · A，问其空载电流为多少？

解：　　$25 \times 0.2 = 5$（A）

答：此 25kV · A 电焊机空载电流为 5A。

5.13 已知单相 380V 交流电焊机额定电流求空载电流

口 诀：

> 单相 380V 电焊机，知道额定电流求空载电流，
> 额定电流除以 13 求。

说 明：

若已知道单相 380V 电焊机额定电流，求电焊机空载电流，用电焊机的额定电流直接除以 13 即可。这里必须先用电焊机容量求出电焊机额定电流，也就是用容量乘以 2.6 倍。

【举例 1】 一台单相 380V 交流电焊机，容量为 25kV · A，问其空载电流为多少？

解：首先求出电焊机额定电流，用电焊机容量乘以 2.6，即

$$25 \times 2.6 = 65\ (A)$$

再求出电焊机空载电流，用电焊机额定电流除以 13，即

$$65 \div 13 = 5\ (A)$$

答：此电焊机空载电流为 5A。

【举例 2】 一台单相 380V 交流电焊机，容量为 30kV · A，问其空载电流为多少？

解：首先求出电焊机额定电流，用电焊机容量乘以 2.6，即

$$30 \times 2.6 = 78\ (A)$$

再求出电焊机空载电流，用电焊机额定电流除以 13，即

$$78 \div 13 = 6\ (A)$$

答：此电焊机空载电流为 6A。

【举例 3】 一台单相 380V 交流电焊机，容量为 35kV · A，问其空载电流为多少？

解：首先求出电焊机额定电流，用电焊机容量乘以 2.6，即

$$35 \times 2.6 = 91\ (\mathrm{A})$$

再求出电焊机空载电流，用电焊机额定电流除以 13，即

$$91 \div 13 = 7\ (\mathrm{A})$$

答：此电焊机空载电流为 7A。

【举例 4】 一台单相 380V 交流电焊机，容量为 40kV · A，问其空载电流为多少？

解：首先求出电焊机额定电流，用电焊机容量乘以 2.6，即

$$40 \times 2.6 = 104\ (\mathrm{A})$$

再求出电焊机空载电流，用电焊机额定电流除以 13，即

$$104 \div 13 = 8\ (\mathrm{A})$$

答：此电焊机空载电流为 8A。

5.14 已知单相 380V 交流电焊机输出电流求额定容量

口 诀：

> 单相 380V 交流电焊机，标称输出型号有。
> 知道输出求容量，输出电流除以 13 求。

说 明：

看电焊机型号，如 BX-500，型号中的“500”就是焊接电流，也被称为输出电流。单相 380V 电焊机输出电流与容量之间存在 13 倍的关系。这 13 倍从何而来呢？首先，输出电流与输入电流之间存在 5 倍关系，这里的输入电流，就是常说的电焊机额定电流，而输入电流（额定电流）与电焊机容量的倍数关系为 2.6 倍，所以，$2.6\times5=13$ 倍。

【举例 1】 一台单相 380V 交流电焊机，型号为 BX-500，问其额定容量为多少？

解： $500\div13\approx38.5$（kV · A）

答：此台 BX-500 型单相交流 380V 电焊机额定容量为 38.5kV · A。

【举例 2】 一台单相 380V 交流电焊机，型号为 BX-300，额定容量为 25kV · A，请估算其额定容量为多少，看一下与实际标称值相差大不大？

解： $300\div13\approx23$（kV · A）

经对比，与实际值相差近 2kV · A，相差不大。

答：此台 BX-300 型单相交流 380V 电焊机，估算额定容量为 23kV · A，铭牌标出额定容量为 25kV · A，相差不大。

【举例 3】 一台单相 380V 交流电焊机，额定电流为 120A，问其额定容量为多少？

解：方法一，知道输入电流求容量，之前已给出它们之间的倍数关系为 2.6 倍，用额定电流除以 2.6，为该电焊机的额定容量，即

$$120 \div 2.6 \approx 46\ (\mathrm{kV \cdot A})$$

方法二，知道输入电流求输出容量，先求输入电流与输出电流的关系，之前已给出了输入电流与输出电流存在 5 倍关系，即 $120\mathrm{A} \times 5 = 600\ (\mathrm{A})$，再用输出电流除以 13，求出此单相 380V 交流电焊机的额定容量为

$$600 \div 13 \approx 46\ (\mathrm{kV \cdot A})$$

经估算，这两种方法估算结果一致，都可以用。

答：输入电流为 120A 的单相 380V 交流电焊机，它的额定容量为 46kV · A。

5.15 电焊机焊把线电流估算

口 诀：

电焊机专用焊把线，专用 YHH 型和 YHHY 型软电缆。
现场和暂载率对截面有影响，
30m 内 60% 暂载率较合适。
倘若线长和暂载率高，焊把线截面需提高。
通常铜线电流密度每平方 5～10A，
截面乘它焊把线截面求，通常这些焊把线用较多，
逐一对应心里得有底。
100A 电流配 16mm^2，150A、200A 电流配 25mm^2，
300A 电流配 35mm^2，400A 电流配 50mm^2，
500A、600A 电流配 70mm^2。

YH、YHL 型电焊机用电缆数据见表 5.1。

表 5.1 YH、YHL 型电焊机用电缆数据

截面积/mm^2	载流量（A）		线芯根数/线径（mm）	
	YH	YHL	YH	YHL
10	80		322/0.20	
16	105	80	513/0.20	228/0.30
25	135	105	798/0.20	342/0.30
35	170	130	1121/0.20	494/0.30
50	215	165	1596/0.20	703/0.30
70	265	205	999/0.30	999/0.30
95	325	250	1332/0.30	1332/0.30
120	380	295	1702/0.30	1702/0.30
150	435	340	2109/0.30	2109/0.30

5.16 单相 380V 交流电焊机负荷开关选择

口 诀：

单相 380V 电焊机，负荷开关 3 倍容量求。

【举例 1】 一台单相 380V 交流电焊机，容量为 25kV · A，问应选用多大的负荷开关？

解： 25 × 3 = 75（A）

靠近 75A 的负荷开关为 100A，额定电压为 440V。

答：应选用负荷开关为 100A，额定电压为 440V。

【举例 2】 一台单相 380V 交流电焊机，容量为 40kV · A，问应选用多大的负荷开关？

解： 40 × 3 = 120（A）

靠近 120A 的负荷开关为 200A，额定电压为 440V。

答：可选用负荷开关为 200A，额定电压为 440V。但要注意负荷开关内装熔体应按估算值 120A 选用。熔体电流通常也按电焊机容量的 3 倍来进行估算，切记！

5.17 单相 380V 交流电焊机焊接电流与一次侧电源导线截面积选择

口 诀：

焊接电流 100A 配用一次侧电源铜导线 2.5mm^2，
焊接电流 200A 配用一次侧电源铜导线 6mm^2，
焊接电流 250A 配用一次侧电源铜导线 6mm^2，
焊接电流 300A 配用一次侧电源铜导线 10mm^2，
焊接电流 400A 配用一次侧电源铜导线 16mm^2，
焊接电流 500A 配用一次侧电源铜导线 16mm^2，
焊接电流 600A 配用一次侧电源铜导线 25mm^2。

5.18　单相 380V 交流电焊机输入电压与输出电压关系

口　诀：

输入单相 380V，输出单相 76V。
380V 除以 76V，正好得出 5 倍数。

【举例 1】 一台单相交流电焊机，输入单相电压 380V，问其二次侧输出电压为多少？

解：　　380 ÷ 5=76（V）

答：其二次侧输出电压为 76V。

5.19 单相 380V 交流电焊机输入电流与输出电流关系

口 诀：

> 单相交流 380V 电焊机，输入与输出电流关系。
> 其实记忆很简单，输出、输入 5 倍算。

【举例 1】 一台单相 380V 交流电焊机，容量为 30kV · A，输出电流为 400A，问此台电焊机输入电流为多少？

解： $400 \div 5 = 80$（A）

答：此台电焊机输入电流为 80A。

【举例 2】 一台单相 380V 交流电焊机，容量为 40kV · A，其输入电流为 120A，问输出电流为多少？

解： $120 \times 5 = 600$（A）

答：此台电焊机输出电流为 600A。

5.20　单相380V交流电焊机断路器保护选择(一)

口　诀：

> 单相 380V 焊机用断路器保护，额定容量直接乘以 4.5。

【举例 1】 一台单相 380V 交流电焊机，容量为 25kV · A，问选用多大的断路器作保护？

解：　　$25\times4.5=112.5$（A）

可选用 100A 的断路器，最好选用 125A 更可靠。

答：可选用 100A 的断路器，最好选用 125A 的断路器更安全可靠。

【举例 2】 一台单相 380V 交流电焊机，容量为 40kV · A，问选用多大的断路器作保护？

解：　　$40\times4.5=180$（A）

可选用 CDM2-225B 型断路器，额定电流为 175A。

答：可选用 CDM2-225B 型断路器，额定电流为 175A。

【举例 3】 一台单相交流 220V 电焊机，容量为 21kV · A，问选用多大的断路器作保护？

解：　　$21\times4.5=94.5$（A）

可选用 100A 的塑壳断路器。

答：可选用 CDM1-100 型塑壳断路器，额定电流为 100A。

5.21 单相380V交流电焊机断路器保护选择（二）

口 诀：

> 焊机过流断路器，额定电流 1.7。

【举例 1】 一台单相交流 380V 电焊机，容量为 35kV·A，问选用多大的断路器作保护？

解：其额定电流为容量的 2.6 倍，即

$$35 \times 2.6 = 91\ (\mathrm{A})$$

$$91 \times 1.7 = 154.7\ (\mathrm{A})$$

可选用 CDM1-225 型断路器，额定电流为 160A。

答：可选用 CDM1-225 型断路器，额定电流为 160A。

【举例 2】 一台单相交流 380V 电焊机，输入电流为 80A，问选用多大的断路器作保护？

解：

$$80 \times 1.7 = 136\ (\mathrm{A})$$

可选用 CDM1-225 型断路器，额定电流 160A。

答：可选用 CDM1-225 型断路器，额定电流 160A。

【举例 3】 一台单相 380V 交流电焊机，输出电流为 400A，问选用多大的断路器作保护？

解：电焊机输出电流是输入电流的 5 倍，即

$$400 \div 5 = 80\ (\mathrm{A})$$

$$80 \times 1.7 = 136\ (\mathrm{A})$$

可选用 CDM1-225 型断路器，额定电流 160A。

答：可选用 CDM1-225 型断路器，额定电流 160A。

5.22　单相 380V 交流电焊机断路器保护选择（三）

口　诀：

> 焊机过流断路器，输出电流除以 5，
> 然后再乘 1.7。

【举例 1】 一台型号为 BX3-315 的单相 380V 交流电焊机，问选用多大的断路器作保护？

解：型号中“315”就是输出电流，也叫“焊机”容量。

输出电流为输入电流的 5 倍，即

$315 \div 5 = 63$（A）

$63 \times 1.7 = 107$（A）

可选用 CDM1-225 型断路器，额定电流为 125A。

答：可选用 CDM1-225 型断路器，额定电流为 125A。

【举例 2】 一台型号为 BX3-400 的单相 380V 交流电焊机，问选用多大的断路器作保护？

解：型号中“400”就是输出电流。

输出电流为输入电流的 5 倍，即

$400 \div 5 = 80$（A）

$80 \times 1.7 = 136$（A）

可选用 CDM1-225 型断路器，额定电流为 160A。

答：可选用 CDM1-225 型断路器，额定电流为 160A。

【举例 3】 一台型号为 BX3-500 的单相 380V 交流电焊机，问选用多大的断路器作保护？

解：型号中“500”就是输出电流。

输出电流为输入电流的 5 倍，即

500 ÷ 5 = 100（A）

100 × 1.7 = 170（A）

可选用 CDM1-225 型断路器，额定电流为 170A。

答：可选用 CDM1-225 型断路器，额定电流为 170A。

【举例 4】 一台型号为 BX3-600 的单相 380V 交流电焊机，问选用多大的断路器作保护？

解：型号中“600”就是输出电流。

输出电流为输入电流的 5 倍，即

600 ÷ 5 = 120（A）

120 × 1.7 = 204（A）

可选用 CDM1-225 型断路器，额定电流为 200A。

答：可选用 CDM1-225 型断路器，额定电流为 200A。

单项 380V 交流电焊机技术数据见表 5.2。

表 5.2 单相 380V 交流电焊机技术数据

型　号	BX3-315	BX3-400	BX3-500	BX3-630
输入电压（V）	单相 380V	单相 380V	单相 380V	单相 380V
输入电流（A）	65	81	102	120
输出电流（A）	315	400	500	630
空载电压（V）	76	76	76	76
容量（kV·A）	24.7	30.8	38.8	42

第6章

电容器口诀

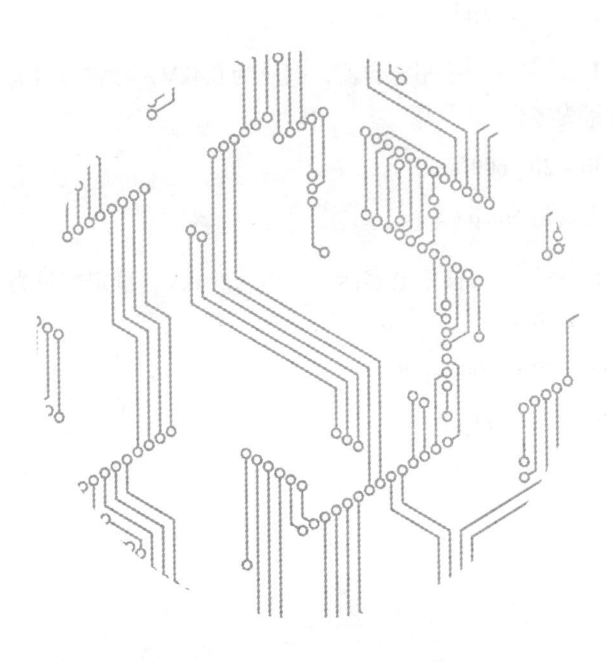

6.1　0.4kV 三相移相电容器容量与电容器的关系

口　诀：

0.4kV 三相移相电容器，补偿电网的功率因数。
要知容量（kvar）求电容量（μF），
容量（kvar）乘以 20 倍。

【举例 1】 一只三相移相电容器，电压为 0.4kV，额定容量为 12kvar，问其电容量为多少？

解：　　$12 \times 20 = 240$（μF）

答：其电容量为 240μF。

【举例 2】 一只三相移相电容器，电压为 0.4kV，额定容量为 30kvar，问其电容量为多少？

解：　　$30 \times 20 = 600$（μF）

答：其电容量为 600μF。

【举例 3】 一只三相移相电容器，电压为 0.4kV，额定容量为 60kvar，问其电容量为多少？

解：　　$60 \times 20 = 1200$（μF）

答：其电容量为 1200μF。

6.2 三相异步电动机现场电容补偿计算

口 诀：

> 三相异步电动机，若无补偿因数低。
> 现场需要加补偿，补偿容量怎么算。
> 公式等于$\sqrt{3}UI_{空}$乘，$\sqrt{3}$开出 1.732，
> U为标称电压 0.4，$I_{空}$为电机空流值①。
> 功率乘 2 即额流②，额流除以 3 是空流③，
> 上述条件都满足，套上公式补偿求。

说 明：

① 三相异步电动机现场采用三相移相电容器进行无功功率补偿，从而提高功率因数，其补偿容量可采用公式 $Q=\sqrt{3}\times U\times I_{空}$

公式中 $\sqrt{3}$ 开方后为 1.732，U 为电容器标称电压值为 0.4kV，$I_{空}$为电动机空载电流值。

② “功率乘 2 即额流”。三相异步电动机额定电流可按公式 $I_{额}=\dfrac{P}{\sqrt{3}U\cos\varphi\eta}$ 计算求出，其值约为 2A。也就是说，三相异步电动机额定电流 $I_{额}$是其功率的 2 倍。

③ “额流除以 3 是空流”。也就是说，空载电流是额定电流的 1/3。

【举例 1】 一台三相异步电动机，型号为 Y250M-6，其功率为 37kW，现场进行无功补偿，问需要多大容量的三相移相电容器？

解：首先估算出电动机额定电流为

$$37\times2=74\text{（A）}$$

然后用额定电流除以 3，得出电动机空载电流，即

$$74\div3\approx25\text{（A）}$$

再根据公式 $Q=\sqrt{3}\times U\times I_{空}$，将数值代入公式得

$$Q=1.732\times0.4\times25$$
$$=17.32\ (\text{kvar})$$

答：计算后得出需补偿容量为 17.32kar，查手册可采用 0.4kV 的 BSMJS 自愈式低压补偿电容器，其容量为 20kvar。

【举例 2】 一台三相异步电动机，型号 Y280M-6，其功率为 90kW，现场进行无功补偿，问需要多大容量的三相移相电容器?

解：首先估算出电动机额定电流为

$$90\times2=180\ (\text{A})$$

然后用额定电流除以 3，得出电动机空载电流，即

$$180\div3=60\ (\text{A})。$$

将数值代入公式得，

$$Q=1.732\times0.4\times60$$
$$=42\ (\text{kvar})$$

答：计算后得出需补偿容量为 42kar，查手册可采用 0.4kV 的 BSMJS 三相自愈式低压补偿电容器，其容量为 50kvar。

6.3 三相 400V 移相电容器额定电流估算

口 诀：

电网功率因数低，需配移相电容器。
工作电压 400V，一个千乏一安半。

说 明：

此口诀是针对工作电压 400V 的三相移相电容器额定电流值进行估算。也就是说每 kvar 为 1.5A，即容量（kvar）× 1.5 倍。

【举例 1】 一台三相 400V 的自愈式低压电容器，容量为 10kvar，问其额定电流是多少？

解： 10 × 1.5 = 15（A）

答：三相 400V，容量为 10kvar 的低压电容器，其额定工作电流为 15A。

【举例 2】 一台三相移相电容器，其工作电压为 400V，容量为 25kvar，问其额定电流是多少？

解： 25 × 1.5 = 37.5（A）

答：三相 400V，容量为 25kvar 的移相电容器，其额定工作电流为 37.5A。

【举例 3】 某配电室有一个补偿电容器柜，共 10 组，每组 4 只 15kvar 的三相移相电容器，问 10 组全部投入工作后，其电容器组总电流为多少？

解：先计算出每组千乏数，

4 × 15 × 10 = 600（kvar）

再计算出 600kvar 电容器的额定电流数

600kvar × 1.5 = 900（A）

答：电容器组总电流为 900A。

【举例 4】 某配电室有一个补偿电容器柜，共 10 只移相电容器，每只容量 20kvar，采用手动逐台增加、手动逐台减少控制，当 10 组电容器手动逐台全部投入后，柜面 10 组电容器投入工作指示灯（20 只指示灯，每组两只）全部点亮，但是电流表指示值为 240A 左右，不知对不对？若不对请问这是怎么回事？

解：从上述情况分析，10 组电容器投入工作后，电容柜面 10 组投入工作指示灯全部点亮，说明这 10 组都投入工作了。

我们先计算一下这 10 组每只 20kvar 的电容器的额定电流数应为 $20\times1.5\times10=300$（A）。此数值与电流表上实际指示值相差 60A，肯定不对。正好差 2 组 20kvar 电容器的电流数，由此分析，这 10 组电容器中应有两组电容器未投入工作。

那么为什么 10 路指示灯都点亮呢？这个问题问得好，大家知道，柜面每一组的两只指示灯，分别接在各组控制交流接触器主触点的下端，此时指示灯亮，说明各组供电均正常，可以基本上判定是其中两组电容器出现故障了。为什么这么说呢？因为每组的两只指示灯有两个作用：一是指示三相电源是否正常（两只指示灯中的一只接在 L_1 相与 L_2 相上，而另一只则接在 L_2 相与 L_3 相上，投入时两只指示灯都亮，说明三相电源工作正常）；二是充当切除电容器时的放电电阻用。其实要想确实是哪两组电容器有故障，方法很简单，手动投入或切除时都能判断完成，现在教你一个手动投入时观察电流表读数找出故障的方法。手动投入一组时，电流表上的指示读数应增加 30A（$20\times1.5=30$A），若操作到某一组时，电流表读数没有增加 30A，说明此组电容器有问题，用此方法再找出另一组故障电容器。

第7章

断路器口诀

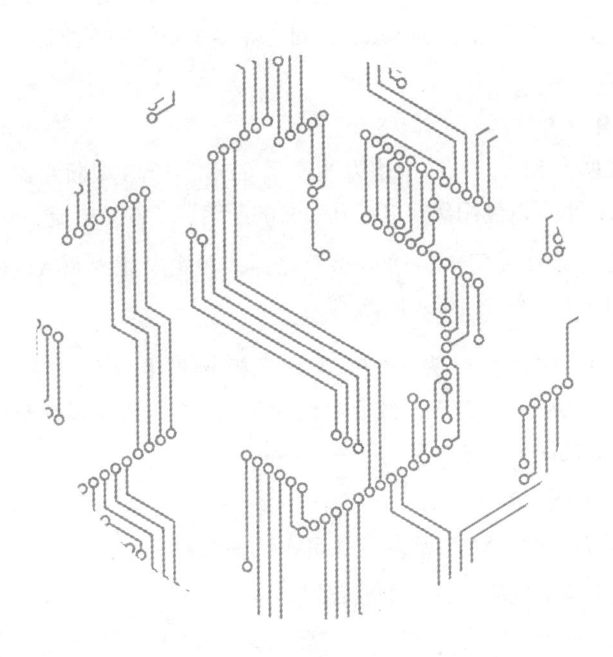

7.1 断路器额定电流估算

口 诀：

断路器额定电流为多少，电动机额定电流1.7倍算。

说 明：

用断路器作为电动机过流保护，如何选择断路器的额定电流呢？额定电流就是断路器的标称电流数，按经验估算为电动机额定电流的1.7倍左右。

【举例1】一台三相异步电动机，型号为Y225M-8，额定电压为380V，22kW，额定电流为47.6A，问选择多少安培的断路器作为电动机过流保护？

解：$47.6\times1.7\approx81$（A）

经估算为81A，可选用德力西产品CDM3-100S型断路器，额定电流为80A；也可以选用额定电流升一级的断路器，额定电流100A。

答：可选用德力西CDM3-100S型断路器，额定电流为80A；也可以选用靠近81A升一级的100A断路器。

【举例2】一台型号为Y160L-4的三相异步电动机，额定电压为380V，额定功率为15kW，额定电流为30.3A，问选择多少安培的断路器作为电动机保护？

解：$30.3\times1.7\approx51$（A）

可选用靠近51.5A的额定电流50A的断路器。

答：可选用额定电流为50A的断路器。

7.2 断路器配用铜母排

口 诀：

100A 断路器配铜母排 3×30，
200A 断路器配铜母排 3×40，
250A 断路器配铜母排 6×30，
400A 断路器配铜母排 6×40，
630A 断路器配铜母排 6×50，
800A 断路器配铜母排 6×60，
1000A 断路器配铜母排 6×80，
1250A 断路器配铜母排 6×110，
1600A 断路器配铜母排 6×150，
2000A 断路器配铜母排 8×150。

7.3　常用断路器配接导线截面积关系

口　诀：

10A 断路器导线截面 1.5mm^2，
16A、20A、25A 断路器导线截面 4mm^2，
32A 断路器导线截面 6mm^2，
40A、50A 断路器导线截面 10mm^2，
63A 断路器导线截面 16mm^2，
80A 断路器导线截面 25mm^2，
100A 断路器导线截面 35mm^2，
125A、140A 断路器导线截面 50mm^2，
160A 断路器导线截面 70mm^2，
180A、200A、225A 断路器导线截面 95mm^2，
250A 断路器导线截面 120mm^2，
315A 断路器导线截面 185mm^2，
400A 断路器导线截面 240mm^2，
500A 断路器导线截面 2×150mm^2。

第8章

整流器口诀

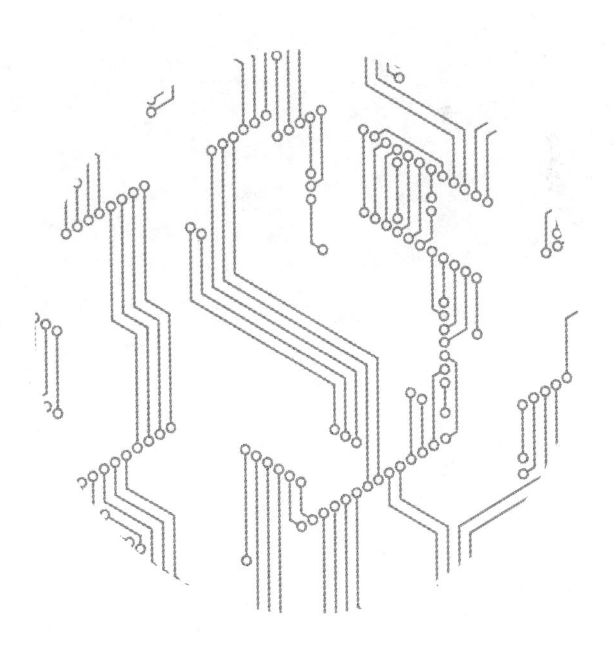

8.1　三相整流器额定电流估算

口　诀：

> 三相整流器，容量 1.5 倍是额流。

【举例 1】 一台三相 380V 整流器，容量为 20kV · A，问其额定电流为多少？

解：　　$20 \times 1.5 = 30$（A）

答：其额定电流为 30A。

8.2 各种整流电路直流电压估算

口 诀：

单相半波交压乘 0.45①，单相全波交压乘 0.9②，
单相桥式交压乘 0.9③，三相半波交压乘 1.17④，
三相桥式交压乘 2.34⑤。

说 明：

① “单相半波交压乘 0.45”。意思是说，图 8.1 所示的单相半波整流电路，直流输出电压 u_o 是交流输入电压 u_2 的 0.45 倍。

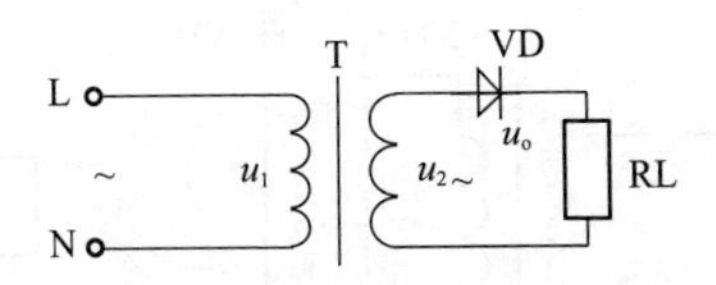

图8.1 单相半波整流电路

【举例 1】 单相半波整流电路中，u_2 交流电压为 27V，求单相半波整流电路的直流输出电压 u_o 应为多少？

解：

$$u_o=0.45u_2$$
$$u_o=0.45\times 27\text{V}$$
$$\approx 12\text{V}$$

答：若 u_2 交流电压为 27V，单相半波整流电路的直流输出电压 u_o 应为 12V。

② “单相全波交压乘 0.9”。意思是说，图 8.2 所示的单相全波整流电路，直流输出电压 u_o 是交流输入电压 u_2 的 0.9 倍。

【举例 2】 单相全波整流电路中，u_2 交流电压为 30V，求单相全波整流电路的直流输出电压 u_o 应为多少？

解：

$$u_o=0.9u_2$$

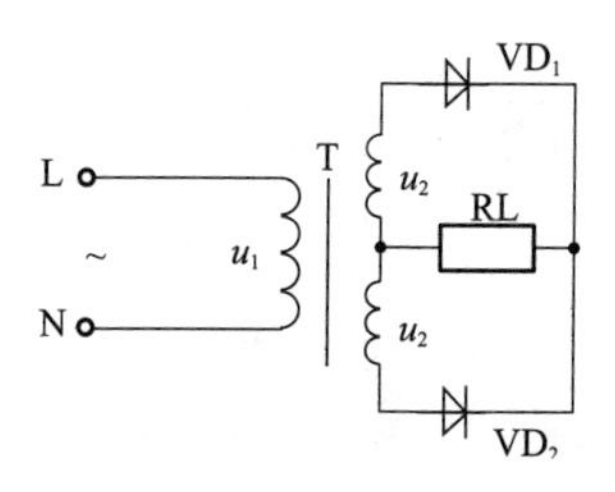

图 8.2　单相全波整流电路

$$u_o = 0.9 \times 30V$$
$$= 27V$$

答：若 u_2 交流电压为 30V，单相全波整流电路的直流输出电压 u_o 应为 27V。

③ “单相桥式交压乘 0.9”。意思是说，图 8.3 所示的单相桥式整流电路，直流输出电压 u_o 是交流输入电压 u_2 的 0.9 倍。

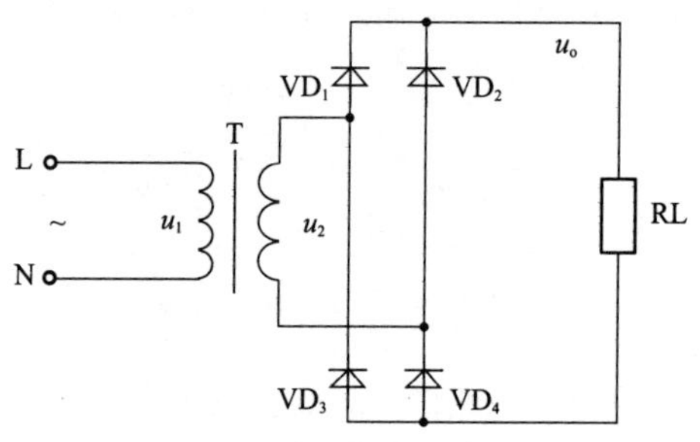

图 8.3　单相桥式整流电路

【举例 3】 单相桥式整流电路中，u_2 交流电压为 36V，求单相桥式整流电路的直流输出电压 u_o 应为多少？

解：
$$u_o = 0.9u_2$$
$$u_o = 0.9 \times 36V$$
$$\approx 32V$$

答：若 u_2 交流电压为 36V，单相桥式整流电路的直流输出电压 u_o 应为 32V。

④ “三相半波交压乘 1.17”。意思是说，图 8.4 所示的三相半波整流电路，直流输出电压 u_o 是交流输入电压 u_2 的 1.17 倍。

【举例 4】 三相半波整流电路中，u_2 交流电压为 100V，求三相半波整

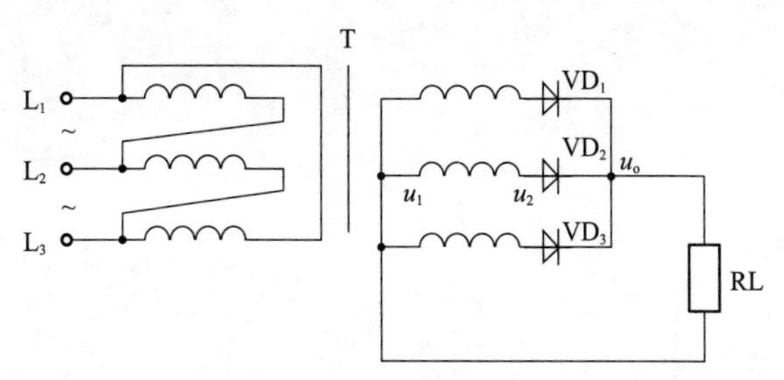

图 8.4 三相半波整流电路

流电路的直流输出电压 u_o 应为多少?

解: $u_o=1.17u_2$

$u_o=1.17\times100\text{V}$

$=117\text{V}$

答: 若 u_2 交流电压为 100V,三相半波整流电路的直流输出电压 u_o 应为 117V。

⑤ “三相桥式交压乘 2.34”。意思是说,图 8.5 所示的三相桥式整流电路,直流输出电压 u_o 是交流输入电压 u_2 的 2.34 倍。

【举例 5】 三相桥式整流电路中,u_2 交流电压为 200V,求三相桥式整流电路的直流输出电压 u_o 应为多少?

解: $u_o=2.34u_2$

$u_o=2.34\times200\text{V}$

$=468\text{V}$

答: 若 u_2 交流电压为 200V,三相桥式整流电路的直流输出电压 u_o 应为 468V。

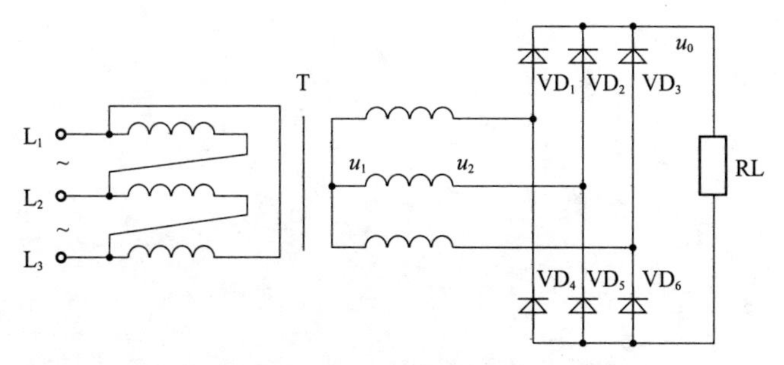

图 8.5 三相桥式整流电路

第9章

照明及电热口诀

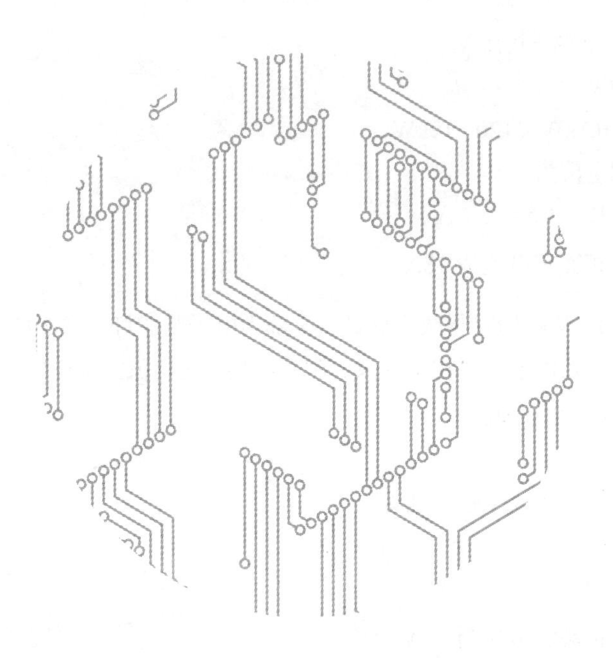

9.1　三相平衡照明设备额定电流估算

口　诀：

> 三相平衡照明，千瓦电流一安半。

说　明：

对于三相平衡照明设备，其总功率（以千瓦计）乘以 1.5 倍，即为其三相额定电流。

【举例 1】 某车间安装照明设备，全部为白炽灯，共 120 只，每只 100W，为三相供电，每相 40 只，问其三相额定电流为多少？

解：　100W=0.1kW

总功率为

$$0.1\text{kW}\times120=12\text{kW}$$

三相电流为

$$12\times1.5=18\text{（A）}$$

答：其三相额定电流为 18A。

【举例 2】 某商场安装照明灯具，全部为电子节能灯，共 300 只，每只 40W，为三相供电，每相 100 只，问其三相额定电流为多少？

解：　40W=0.04kW

总功率为

$$0.04\text{kW}\times300=12\text{kW}$$

三相电流为

$$12\times1.5=18\text{（A）}$$

答：其三相额定电流为 18A。

9.2 三相 380V 电热设备电流估算

口　诀：

> 三相电热器，电压三相 380。
> 容量一千瓦，一点五倍流。

说　明：

对于常用的三相电热设备或电热器、电热管、热水器，额定电压为三相 380V，其额定电流为功率（以千瓦计）的 1.5 倍。

【举例 1】 某办公大楼共安装 10 台电热水器，额定电压三相 380V，每台额定容量 6kW，问 10 台电热水器总电流是多少？

解：每台电热水器电流为

$$6\times1.5=9\ (\mathrm{A})$$

10 台电热水器总电流为

$$9\times10=90\ (\mathrm{A})$$

答：10 台三相 380V 电热水器总电流为 90A。

【举例 2】 某单位职工食堂配有一台电蒸汽柜，功率为 24kW，三相 380V 供电，问其额定电流是多少？

解：
$$24\times1.5=36\ (\mathrm{A})$$

答：其电蒸汽柜三相额定电流为 36A。

9.3　单相 220V 阻性负载电流估算

口　诀：

> 单相 220V 阻性负载、电热器、节能灯，
> 额定电流按公式 $I=P/U$ 来求①。
> 容量千瓦估电流，容量乘以 4 倍半②。

说　明：

本口诀适用于对单相220V的阻性负载，如白炽灯，电热器、加热设备、电热炉，电子节能灯（功率因数接近于 1）、LED 灯，以及大部分家用电器的额定电流进行估算。① 为计算电流，② 为估算电流。

【举例 1】 单相照明 220V 线路，装有 10 只 220V、150W 的白炽灯，求此线路的计算电流和估算电流各为多少?

解：　　150W × 10＝1500W＝1.5kW

根据公式 $I=P/U$ 计算，得

1500 ÷ 220≈6.82（A）

根据口诀估算，得

1.5 × 4.5＝6.75（A）

答：此线路计算电流为 6.82A，估算电流为 6.75A。

【举例 2】 两台单相 220V 的电热器，功率分别为 2kW 和 3kW，问其计算电流和估算电流各为多少?

解：　　2kW+3kW＝5kW

根据公式 $I=P/U$ 计算，得

5000 ÷ 220≈22.73（A）

根据口诀估算，得

5 × 4.5＝22.5（A）

答：其计算电流为 22.73A，估算电流为 22.5A。

【举例 3】 有一场地，安装有 25 只 220V、50W 的电子高效节能灯，问其计算电流和估算电流各为多少？

解：　　$50W \times 25 = 1250W = 1.25kW$

根据公式 $I=P/U$ 计算，得

$1250 \div 220 \approx 5.68$（A）

根据口诀估算，得

$1.25 \times 4.5 \approx 5.63$（A）

答：其计算电流为 5.68A，估算电流为 5.63A。

【举例 4】 某楼房一个单元共有家用电器 28kW（空调除外），问其计算电流和估算电流各为多少安培？

解：　　$28kW = 28000W$

根据公式 $I=P/U$ 计算，得

$28000 \div 220 \approx 127.3$（A）

根据口诀估算，得

$28 \times 4.5 = 126$（A）

答：其计算电流为 127.3A，估算电流为 126A。

9.4　导轨插座孔数及电流口诀

口　诀：

导轨插座 2P、2P+E、3P+E，
单相 2 孔、单相 3 孔、三相 4 孔。
2P 单相 2 孔 10A，2P+E 单相 3 孔 10 和 16A；
3P+E 三相 4 孔 16 和 25A。

9.5 带有电感镇流器的日光灯电流估算（一）

口 诀：

> 电感镇流日光灯，没有补偿电容器，
> 线路功率因数低，容量乘 9 为电流。

说 明：

有些日光灯采用电感镇流器，而且还没有装设补偿电容器，功率因数很低，只有 0.5 左右，电网电流增加一倍左右。

【举例 1】 一间瑜伽练功房，安装 20 只 40W 日光灯，全部采用电感镇流器，没有装设补偿电容器，问其电流为多少？

解： 40W=0.04kW

$I=0.04\times 20\times 9=7.2$（A）

答：其电流为 7.2A。

【举例 2】 某办公室内安装 3 套格栅灯，每套内装 3 只 20W 日光灯，全部采用电感镇流器，无补偿电容器，问其电流为多少？

解： 20W=0.02kW

每套格栅灯功率为

20W×3=60W=0.06kW

3 套格栅灯总功率为

0.06kW×3=0.18kW

$I=0.18\times 9=1.62$（A）

答：其电流为 1.62A。

9.6　带有电感镇流器的日光灯电流估算（二）

口　诀：

带有电感日光灯，常用 20、30、40W。
灯管功率见标称，外加 8W 镇流器。
因无补偿电容器，功率因数零点五。
电网无功增不少，容量再乘倍数 9。

说　明：

通常在计算带有电感镇流器的日光灯时，只考虑灯管功率，并没有将电感镇流器考虑进去，一般 20 ~ 40W 的电感镇流器，消耗功率在 8W 左右。在计算时都没有考虑进去，导致计算值有出入。

加上电感镇流器后的日光灯功率如下：

20W 日光灯计算功率为 20+8=28W；

30W 日光灯计算功率为 30+8=38W；

40W 日光灯计算功率为 40+8=48W。

【举例 1】 一车间装有 20 只带电感镇流器的日光灯，无补偿电容器，每只灯管标称功率 20W，问其总电流为多少？

解：　　20W+8W=28W=0.028kW

20 只日光灯总功率为

$0.028\text{kW} \times 20=0.56\text{kW}$

$I=0.56 \times 9=5.04$（A）

答：其总电流为 5.04A。

【举例 2】 一会议室装有 10 只 30W 日光灯，全部采用电感式镇流器，无补偿电容器，每只灯管标称功率 30W，问其总电流为多少？

解：　　30W+8W=38W=0.038kW

10 只日光灯总功率为

$$0.038\text{kW} \times 10 = 0.38\text{kW}$$

$$I = 0.38 \times 9 = 3.42\ (\text{A})$$

答：其总电流为 3.42A。

【举例 3】 一办公大厅装有 6 只日光灯，全部采用电感镇流器，无补偿电容器，每只灯管标称功率 40W，问其总电流为多少？

解：

$$40\text{W} + 8\text{W} = 48\text{W} = 0.048\text{kW}$$

6 只日光灯总功率为

$$0.048\text{kW} \times 6 = 0.288\text{kW}$$

$$I = 0.288 \times 9 = 2.592\ (\text{A})$$

答：其总电流为 2.592A。

9.7　带灯口的照明灯接线

口　诀：

火线必须进开关，火、零接反全带电①。
开关出线进舌端，以防螺口也带电②。
螺口出线接零线，这样接线最安全③。
灯口导线蝴蝶结，尽量不要系死扣。

说　明：

对于电工来讲，来接一个开关带灯口的电路并不难，想让灯亮是绝对没有问题的，但是要正确接线，可能就会有一部分人完成不了。

① “火线必须进开关，火、零接反全带电”。强调火线进开关，是为了完全起见。并不是说你把灯弄亮了就一走了事，火线、零线随意接，会给用户带来安全隐患。所以，火线必须进开关。

火线进开关有两个好处：一是确保今后维修工作的安全，最起码在不切断电源断路器的情况下，断开此开关，就能大胆放心地工作了。二是大部分家庭安装的灯具基本上都是节能灯或者是 LED 灯，有些节能灯在晚上关灯后，还有微光闪亮，这就是火线、零线接反了所致。

② “开关出线进舌端，以防螺口也带电”。这句话还是针对安全方面的。因为在平时生活中，有时需要更换灯泡，在更换操作时，不小心手会触及灯口的螺口，因为灯口的螺口处很靠外面，而且面积大，所以螺口处最好不要带电。为此，最好将开关出线到灯的这根带电的火线，接在灯口中心的舌端，接线时找出舌端的接线柱，接好即可。

③ “螺口出线接零线，这样接线最安全”。按照上述方法接线，螺口的出线接在电源零线上，这样的接线才是安全的。

接线操作前，应该将导线穿过灯口接线盒盖后，先打蝴蝶结再进行接线。而实际大家看到的，有很大一部分电工操作时，不是不打结，就是系个疙瘩，也就是打个死扣。这种操作既不规范，也不安全。

9.8　一个开关控制一盏灯电路接线口诀（一）

口　诀：

带好工具上战场，完成一开控一灯。
开关盒上出两线，头顶接灯两根线。
初学电工敢动手，开关端子任意连，
灯具钻眼固定好，两线接灯亮起来。
要知电路咋回事，应用想象图知道。

说　明：

一只开关控制一盏灯电路现场预留线图如图 9.1 所示，实际接线图如 9.2 所示。

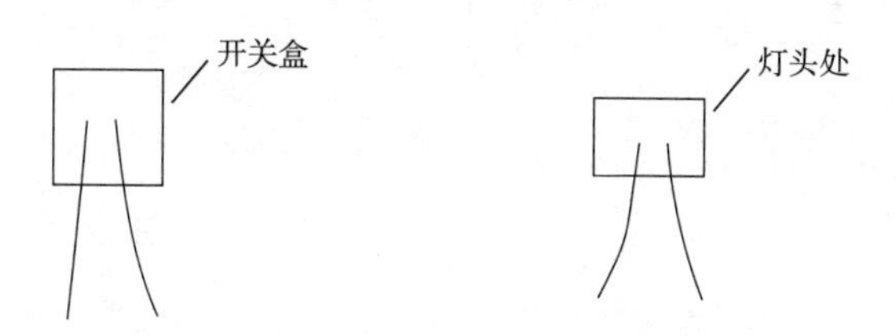

图 9.1　一只开关控制一盏灯现场预留线图

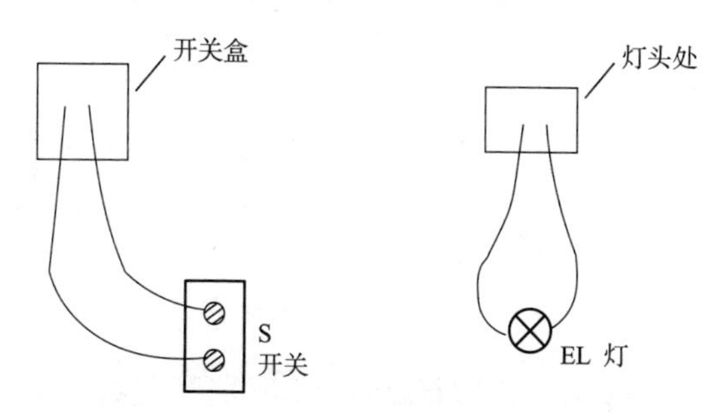

图 9.2　一只开关控制一盏灯实际接线图

9.9　一个开关控制一盏灯电路接线口诀（二）

口　诀：

> 一控一盏灯，电工心里明。
> 相线进开关[①]，零线接灯端[②]，
> 开关剩一端[③]，灯头剩一端[④]，
> 两处剩端连[⑤]，灯控即告成[⑥]。

① "相线进开关"。电工设计控制电路时要求相线（俗称火线）必须进开关，也就是说，相线必须经开关控制后才能进入电路，确保用电安全，如图 9.3、图 9.4 所示。

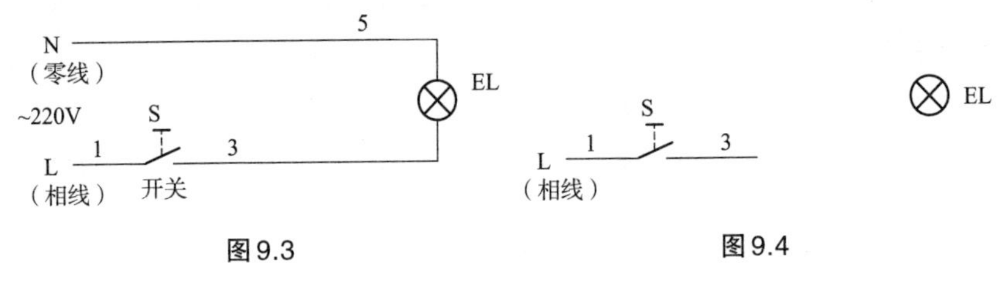

图 9.3　　　　图 9.4

② 零线接灯端。在实际操作时可以看到，两根灯头线中必然有一根线是零线，作为电源 N 线，而另一根线则为控制线，如图 9.5、图 9.6 所示。

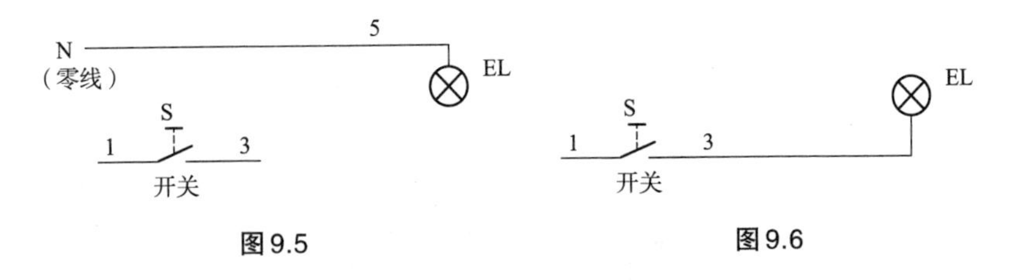

图 9.5　　　　图 9.6

③ 开关剩一端。在开关的右边端子上应为 3 号线，即控制线。

④ 灯头剩一端。在灯头的下边端子上也应为 3 号线，同③中开关右边端子的 3 号线是同一根线。

⑤ 两处剩端连。也就是说，③中右边剩下的 3 号线与④中下边的 3 号线为同一根线连接起来。

⑥ 灯控即告成。一个开关控制一盏灯电路设计完成，如图 9.7 所示。

一个完整的一个开关控制一盏灯电路，必须是电源相线经开关 S → 开关 S 出线端连至灯头 EL 任意一端 → 灯头另一端接至电源零线上。

一只开关控制一盏灯应用想象图中，实线部分为外接器件线端（或线头），虚线部分为看不到的，已穿管走好了的线路。

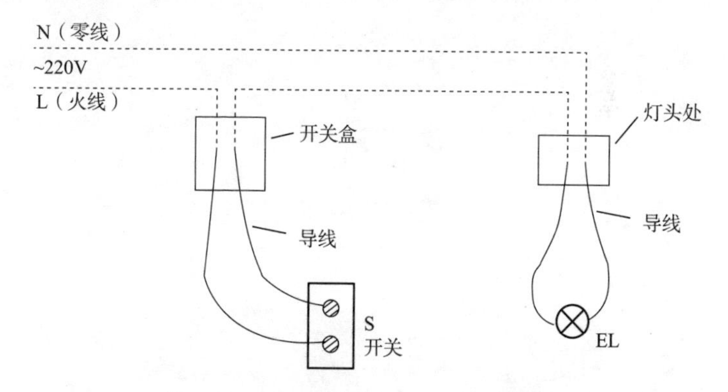

图 9.7　一只开关控制一盏灯应用想象图

第10章

其他电工操作口诀

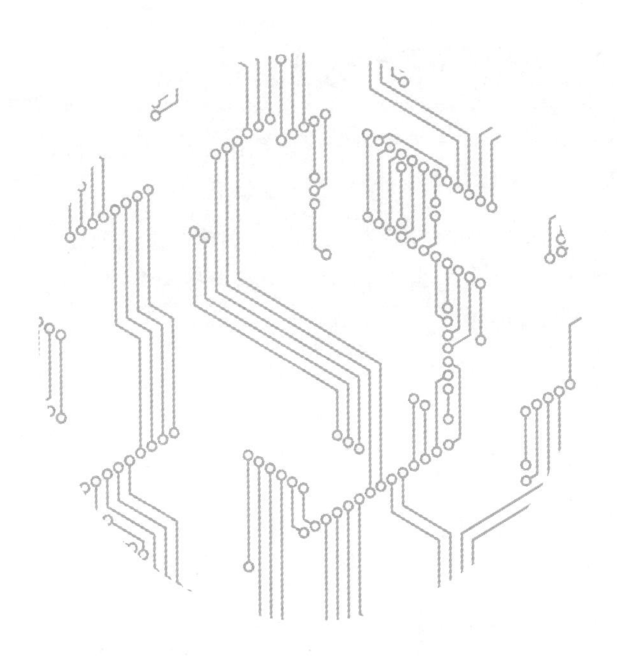

10.1 常用照明及设备额定电流估算

口 诀：

单相电压 220V，白炽灯泡及电子节能灯电流 4.5A①。
电感式日光灯电流 9A②。
单相电压 220V，单相电机电流 8A③。
单相电压 380V，电焊机电流 2.6A④。
三相 380V，三相平衡照明线路流阻性负载 1.5A，
电感性负载 3A⑤。
三相 380V，
电力变压器 0.4kV 的低压侧电流、三相移相电容器、
三相电热设备、三相整流器电流 1.5A⑥。
三相 380V，三相异步电动机电流 2A⑦。

说 明：

① 单相电压 220V 的电阻性负载，如白炽灯或高效电子节能灯（功率因数基本上为 1），这些产品的额定电流可按容量的 4.5 倍估算，也就是说，每千瓦 4.5 安培。

【举例 1】 某车间内装有工作照明灯 5kW，全部为白炽灯泡，单相 220V 供电，问其额定电流是多少？

解： $5\times4.5=22.5$（A）

答：其额定电流为 22.5A。

【举例 2】 某住宅小区室外照明采用高效电子节能灯 3kW，单相 220V 供电，问其额定电流为多少？

解： $3\times4.5=13.5$（A）

答：其额定电流为 13.5A。

② 对于带电感式镇流器的日光灯，由于其功率因数很低，基本上为0.5左右，所以它的电流为每千瓦9A左右。

【举例3】 某办公大楼大厅内装有电感式日光灯，单只功率为40W，共50只，单相220V供电，问其额定电流是多少？

解： $40\times50=2000W=2kW$

$2\times9=18$（A）

答：其额定电流为18A。

③ 对于单相220V供电的单相电动机，其额定电流为每千瓦8安培左右。

【举例4】 一台电动机功率为0.55kW的木工电刨子，电源电压单相220V，问其额定电流为多少？

解： $0.55\times8=4.4$（A）

答：0.55kW的木工电刨子，额定电流为4.4A。

④ 对于单相380V的交流电焊机，它的额定电流为每千瓦2.6安培左右。

【举例5】 一台单相380V，容量为21kV·A的电焊机，问其额定电流为多少？

解： $21\times2.6=54.6$（A）

答：单相380V，21kV·A的电焊机，额定电流为54.6A。

【举例6】 一台单相380V，容量为40kV·A的交流电焊机，问其额定电流是多少？

解： $40\times2.6=104$（A）

答：此电焊机额定电流为104A。

【举例7】 一台单相380V的交流电焊机，已知其额定电流为100A，问其额定容量为多少？

解： $100\div2.6\approx38.5$（kW）

答：其额定容量为38.5kW。

⑤ 对于照明系统，采用三相 380V 平衡方式布线，若负载为电阻性负载（包括高效节能灯），其额定电流为每千瓦 1.5 安培；若负载为电感性负载，其额定电流为每千瓦 3 安培。

【举例 8】 一个生产车间安装照明灯泡，功率为 6kW，三相 380V 平衡布线，问其额定电流是多少？

解：　　$6\times1.5=9$（A）

答：其额定电流为 9A。

【举例 9】 某超市安装 LED 节能灯管，共 21kW，三相 380V 平衡布线，问其额定电流为多少？

解：　　$21\times3=63$（A）

答：其额定电流为 63A。

⑥ 对于三相电力变压器的 0.4kV 低压侧、三相 0.4kV 移相电容器、三相平衡电热设备（包括加热器），以及三相整流器等设备，其额定电流可按照每千瓦 1.5 安培估算。

【举例 10】 一台电压为 10kV/0.4kV，容量为 1000kV・A 的三相电力变压器，问其低压侧额定电流为多少？

解：　　$1000\times1.5=1500$（A）

答：1000kV・A 的三相电力变压器，低压侧额定电流为 1500A。

【举例 11】 一组 0.4kV、三相移相电容器，容量为 60kvar，问其额定电流为多少？

解：　　$60\times1.5=90$（A）

答：其额定电流为 90A。

【举例 12】 某机关食堂有 2 台 24kW 的蒸汽柜，三相 380V 供电，问这两台蒸汽柜的额定电流为多少？

解：　　$2\times24\times1.5=72$（A）

答：这两台蒸汽柜的额定电流为 72A。

【举例 13】 一台三相 380V 的整流器，额定容量为 37kV・A，问其额定电流为多少?

解: $37 \times 1.5 = 55.5$（A）

答：37kV·A 的三相 380V 整流器，额定电流为 55.5A。

⑦ 对于电源电压为 380V 的三相异步电动机，其额定电流按每千瓦 2 安培估算。

【举例 14】 一台电源电压为 380V，功率为 55kW 的三相异步电动机，问其额定电流为多少?

解: $55 \times 2 = 110$（A）

答：55kW 的三相 380V 异步电动机，额定电流为 110A。

10.2　生产车间负荷容量电流值估算

口　诀：

车、刨、磨、钻等冷床设备，
每百千瓦设备容量估算 50A。
冲、压、锻、多台电焊机等热床设备，
每百千瓦设备容量估算 75A。
水泵、空压机长期运转设备，
每百千瓦设备容量估算 150A。
热处理用电阻炉等设备，
每百千瓦设备容量估算 120A。

说　明：

对于生产车间的设备，大致分为冷床、热床、电热及长期连续运转的设备，按不同分类来估算负荷电流。

【举例 1】 某车间有车床、磨床、刨床、钻床等冷床设备，容量 400kW，估算其负荷电流为多少？

解：按“每百千瓦电流 50A”来估算，即

$400 \div 100=4$

$4 \times 50=200$（A）

答：该车间冷床设备的负荷电流为 200A。

【举例 2】 某热处理车间有各种电阻炉等电热设备，容量为 500kW，估算其负荷电流为多少？

解：按“每百千瓦电流 120A”来估算，即

$500 \div 100=5$

$5 \times 120=600$（A）

答：该车间电热设备的负荷电流为 600A。

【举例 3】 某厂锻压车间有压力机、空气锤等热床设备，容量 600kW，估算其负荷电流为多少?

解：按“每百千瓦电流 75A”来估算，即

$$600 \div 100 = 6$$

$$6 \times 75 = 450\ (\mathrm{A})$$

答：该车间热床设备的负荷电流为 450A。

【举例 4】 某车间有各类长期连续运转的水泵，容量为 400kW，估算其负荷电流为多少?

解：按“每百千瓦电流 150A”来估算，即

$$400 \div 100 = 4$$

$$4 \times 150 = 600\ (\mathrm{A})$$

答：该车间长期连续运转设备的负荷电流为 600A。

10.3　顶挂延时头应用口诀

口　诀：

专用顶挂延时头，轻松挂在接触器。
T 是通电延时型，接触器线圈加电就延时。
一组 67、68 触点为常开，延时结束就闭合，
一组 55、56 触点为常闭，延时结束就断开。
D 是断电延时型，接触器线圈加电带动延时头，
一组常开 65、66 立即合，一组常闭 57、58 立即断，
若是接触器线圈断电带动延时头，
一组常开触点 65、66 延时恢复常开，
一组常闭触点 57、58 延时恢复常闭。

说　明：

顶挂延时头可挂在交流接触器、接触器式继电器顶端。它有两种延时方法：一种是得电延时型（也叫通电延时型），型号为 SK4-20、SK4-22、SK4-24。它有一组 NO 常开触点 67、68，电气符号为，这延时常开触点也叫做得电延时闭合的常开触点；还有一组 NC 常闭触点 55、56，电气符号为，这个延时常闭触点也叫做得电延时断开的常闭触点。另一种是断电延时型（也叫失电延时型），型号为 SK4-30、SK4-32、SK4-34。它也有一组 NC 常闭触点 57、58，电气符号为，这个延时常闭触点也被称为断电延时断开的常闭触点。它还有一组 NO 常开触点 65、66，电气符号为，这个延时常开触点也被称为断电延时断开的常开触点。

10.4 机械联锁装置选用口诀

口 诀：

> 交流接触器，有时需互锁[①]。
> 机械互锁时，装置拼中间[②]。
> 一种机械互，另一机电互[③]。
> 若用成套的，可逆 N 产品[④]。

说 明：

① 交流接触器需互锁时，通常采用的方法有交流接触器常闭触点互锁、控制按钮常闭触点互锁，以及交流接触器常闭触点和控制按钮常闭触点双重互锁。

② “机械互锁时，装置拼中间”。所谓的机械互锁装置，就是对特有的交流接触器专门配备能安装互锁装置的配件，这种互锁装置通常水平拼装在两只需要互锁的交流接触器之间，彼此作为互锁限制。所以这种互锁装置，称为机械互锁。

③ “一种机械互”。也就是说，这种配套在两只交流接触器之间的互锁装置，只有一个机械互锁作用。

④ “另一机电互”。这种配套在两只交流接触器之间的互锁装置，除了有一个机械互锁装置以外，还分别内设一组能进行互锁的常闭触点，这样，可进行电气常闭触点互锁控制。也就是说，采用此互锁装置，可实现机械互锁和电气互锁的双重互锁保护，互锁程度极高。

⑤ “若用成套的，可逆 N 产品”。意思是说，对于正反转（俗称可逆）控制，为了方便使用，可选用已互锁的专用成套产品。这种产品使用起来更加安全可靠，互锁程度很高。

10.5　居民小区配电变压器容量确定口诀

口　诀：

> 小区配电变压器，万方建筑一百配①。
> 低档偏下并不少，一半左右足够了②。
> 中档选择也简单，七至八成就可以③。

说　明：

目前，城市里的住宅小区，与 20 世纪 90 年代初相比，用电档次提高很大，那个时代的生活区，基本上是每一万平方米的建筑面积，需配 60kV · A 的配电变压器。也就是说，当时的用电水平很低。现在家家户户都有大功率电器，像电饭煲、电热水器、电磁灶、空调等，而电冰箱、照明灯具、平板电视机、电脑等都是小容量用电电器。由此可见，人们生活水平提高了，相应的供电能力及配电变压器容量也需配套增加。

① “小区配电变压器，万方建筑一百配”。意思是说，现在的城市生活小区，用电设备较多，用电量大。所以在设计和配置配电变压器时，其容量定为每一万平方米建筑面积，需配电变压器容量为 100kV · A 左右。

【举例 1】 某城市高档生活小区，建筑面积近 4 万平方米。问需配置多大容量的配电变压器？

解：按照口诀“万方建筑一百配”估算，其配电变压器的容量为

$$4 \times 100 = 400\ (\mathrm{kV \cdot A})$$

答：可选用 400kV · A 的三相电力变压器，现在基本上都采用结构紧凑、美观且占地面积小、安全可靠的箱式变压器。

② “低档偏下并不少，一半左右足够了”。意思是说，城乡接合部及广大农村，虽然大部分进行了改造，但仍然处于低用电水平，所以配电变压器容量可定为每一万平方米建筑，需配电变压器容量为 50 ~ 60kV · A 即可。

【举例 2】 某城乡接合部的一个住宅小区，建筑面积近 2 万平方米，属低档偏下的城中村改造小区，用电设备基本上很少有大功率电器。问需配置多大容量的配电变压器？

解：按照口诀“低档偏下并不少，一半左右足够了”估算，其配电变压器的容量为

$$2\times100\times(50\%\sim60\%)=100\sim120\ (\text{kV}\cdot\text{A})$$

答：可选用 100kV · A 或 125kV · A 的配电变压器。

常见箱式变压器的容量见表 10.1。

表 10.1 常见箱式变压器容量（kV·A）

50	80	100	125	160	200
250	315	400	500	630	800
1000	1250	1600	2000	2500	3150
4000	5000				

③ “中档选择也简单，七至八成就可以。”意思是说，对于中档生活小区，用电水平介于高档生活小区与低档生活小区之间，可按高档生活小区的 70% ~ 80% 选择即可。

【举例 3】 某中档生活小区，建筑面积 5 万平方米，问需配置多大容量的配电变压器？

解：按照口诀“万方建筑一百配”的 70% ~ 80% 来估算，其配电变压器的容量为

$$5\times100\times(70\%\sim80\%)$$
$$=500\times(0.7\sim0.8)$$
$$=350\sim400\ (\text{kV}\cdot\text{A})$$

答：可选用 400kV · A 的配电变压器。

10.6　接近开关应用接线

口　诀：

接近开关应用少，二线、三线种类多。
二线直流有两种，NO 常开，NC 常闭。
NO 常开，线号 3、4，负载串在线号 4 回路中，
NC 常闭，线号 1、4，负载串在线号 4 回路中。
二线交流有两种，也有 NO 和 NC。
NO 常开，线号 3、4，负载串在线号 2 回路中。
NC 常闭，线号 1、2，负载串在线号 2 回路中。
三线直流 NPN 有两种，NO 常开，NC 常闭。
NO 常开三根线，1 ⊕、3 ⊖、4 Ⓐ输出线。
外接负载继电器，并接在 1 ⊕、4 Ⓐ两端上。
NC 常闭三根线，1 ⊕、3 ⊖、2 Ⓑ输出线。
外接负载继电器，并接在 1 ⊕、2 Ⓑ两端上。
三线直流 PNP 有两种，NO 常开、NC 常闭。
NO 常开三根线，1 ⊕、3 ⊖、4 Ⓐ输出线。
外接负载继电器，并接在 4 Ⓐ、3 ⊖两端上。
NC 常闭三根线，1 ⊕、3 ⊖、2 Ⓑ输出线。
外接负载继电器，并接在 2 Ⓑ、3 ⊖两端上。
也有线色来标明，二线棕色为正极，二线蓝色为负极。
三线标色为正极，三线黑色输出线，三色蓝色负极线。

10.7 三相交流五线供电母线颜色及布线排列位置规定

口 诀：

三相五线来供电，系统常用 TN-S。
A 相颜色为黄色，位置放在左、上、远。
B 相颜色为绿色，位置全在 A、C 中间。
C 相颜色为红色，位置放在右、下、近。
N 线为零浅蓝色，位置最右、最下、最近。
黄 / 绿并色保护地，基本竖放在后面。

10.8 三相电源相序相关知识

口 诀：

三相电源分相序，A、B、C 颜色黄、绿、红。
正相序连接有三种：ABC、BCA、CAB。
反相序连接有三种：BAC、CBA、ACB。
电机旋转方向相序定，正相顺来反相逆。
若要改变其转向，三相任意两相换。
判断电机的转向，电机输出轴端看。
轴端顺针正相序，轴端逆针反相序。
交流三相电机接电源，U_1 对 A 黄色线，
V_1 对 B 绿色线，W_1 对 C 红色线，
按序接好正相序。

10.9 漏电保护器应用口诀

口 诀：

漏电保护应用多，乱用就会出问题。
误动影响不可怕，就怕拒动危险大。
特别潮湿 5mA，
育苗、水产、手持式电动工具 10mA，
10 ~ 16mA 医院用，建筑工地 15mA 用得上，
30mA 住宅用，表计用于 100mA，
300 ~ 500mA 用于防火保护、加油站、加气站。

10.10　保险丝、保险片熔断电流估算

口　诀：

常用熔断器，不是丝就是片[①]。
标称电流称额流，不知熔断的电流[②]。
遇到铅锡保险丝，额流乘以 1.5 倍[③]。
遇到锌片保险片，额流乘以 1.5～2 倍[④]。
遇到铅锑保险丝，额流乘以 2 倍算[⑤]。
遇到铜丝做保险，额流乘以 2 倍多[⑥]。

说　明：

① “常用熔断器，不是丝就是片”。是指熔断器的熔体基本上分为熔断丝、熔断片两种。

② “标称电流乘额流，不知熔断的电流”。是指熔断器（熔断丝、熔断片）上所标出的电流值是额定电流，但其熔断电流没有给出。

③ “遇到铅锡保险丝，额流乘以 1.5 倍”。是指使用铅锡材料的保险丝时，用标称额定电流乘以 1.5 倍，就是该保险丝的熔断电流值。

【举例 1】标称电流为 60A 的铅锡材料的保险丝，问其熔断电流为多少？

解：　$60 \times 1.5 = 90$（A）

答：此铅锡材料的保险丝，其熔断电流为 90A。

④ “遇到锌片保险丝，额流乘以 1.5～2 倍”。是指使用锌片材料的保险片时，用标称额定电流乘以 1.5～2 倍，就是该保险丝的熔断电流值。

【举例 2】标称电流为 15A 的锌片材料的保险丝，问其熔断电流为多少？

解：　$15 \times (1.5 \sim 2)$

$= 22.5 \sim 30$（A）

答：此锌片材料的保险丝，其熔断电流为 22.5～30A。

⑤ “遇到铅锑保险丝，额流乘以 2 倍算”。是指使用铅锑材料的保险丝时，用标称额定电流乘以 2 倍，就是该保险丝的熔断电流值。

【举例 3】标称电流为 30A 的铅锑材料的保险丝，问其熔断电流为多少？

解：　$30\times2=60$（A）

答：此铅锑材料的保险丝，其熔断电流为 60A。

⑥ “遇到铜丝做保险，额流乘以 2 倍多”。是指使用铜丝材料的保险丝时，用标称额定电流乘以 2 倍，就是该保险丝的熔断电流。

【举例 4】标称电流为 100A 的铜丝材料的保险丝，问其熔断电流为多少？

解：　$100\times2=200$（A）

答：此铜丝材料的保险丝，其熔断电流为 200A。

10.11 电杆埋深口诀

口 诀：

> 杆高 6 米 1.3，不增不减正合适。
> 7 米以上至 15 米，杆高减 6 米乘 0.1，然后再加 1.3。

【举例 1】 6m 长电杆，问需埋深多少？

解：根据“杆高 6 米 1.3，需埋深 1.3m”。

答：6m 电杆需要埋深 1.3m。

【举例 2】 7m 长电杆，问需埋深多少？

解：

$$(7-6)\times 0.1=0.1\ (\mathrm{m})$$
$$0.1+1.3=1.4\ (\mathrm{m})$$

答：7m 电杆需埋深 1.4m。

【举例 3】 8m 长电杆，问需埋深多少？

解：

$$(8-6)\times 0.1=0.2\ (\mathrm{m})$$
$$0.2+1.3=1.5\ (\mathrm{m})$$

答：8m 电杆需埋深 1.5m。

【举例 4】 9m 长电杆，问需埋深多少？

解：

$$(9-6)\times 0.1=0.3\ (\mathrm{m})$$
$$0.3+1.3=1.6\ (\mathrm{m})$$

答：9m 电杆需埋深 1.6m。

【举例 5】 10m 长电杆，问需埋深多少？

解：

$$(10-6)\times 0.1=0.4\ (\mathrm{m})$$
$$0.4+1.3=1.7\ (\mathrm{m})$$

答：10m 电杆需埋深 1.7m。

【举例 6】 11m 长电杆，问需埋深多少？

解： （11 − 6）× 0.1 = 0.5（m）

0.5 + 1.3 = 1.8（m）

答：11m 电杆需埋深 1.8m。

【举例 7】 12m 长电杆，问需埋深多少？

解： （12 − 6）× 0.1 = 0.6（m）

0.6 + 1.3 = 1.9（m）

答：12m 电杆需埋深 1.9m。

【举例 8】 13m 长电杆，问需埋深多少？

解： （13 − 6）× 0.1 = 0.7（m）

0.7 + 1.3 = 2（m）

答：13m 电杆需埋深 2m。

【举例 9】 14m 长电杆，问需埋深多少？

解： （14 − 6）× 0.1 = 0.8（m）

0.8 + 1.3 = 2.1（m）

答：14m 电杆需埋深 2.1m。

【举例 10】 15m 长电杆，问需埋深多少？

解： （15 − 6）× 0.1 = 0.9（m）

0.9 + 1.3 = 2.2（m）

答：15m 电杆需埋深 2.2m。

常用低压电杆埋深见表 10.2。

表 10.2 常用低压电杆埋深表

电杆长（m）	埋深（m）	电杆长（m）	埋深（m）
6	1.3	11	1.8
7	1.4	12	1.9
8	1.5	13	2.0
9	1.6	14	2.1
10	1.7	15	2.2

第11章

电工常用电路实物接线

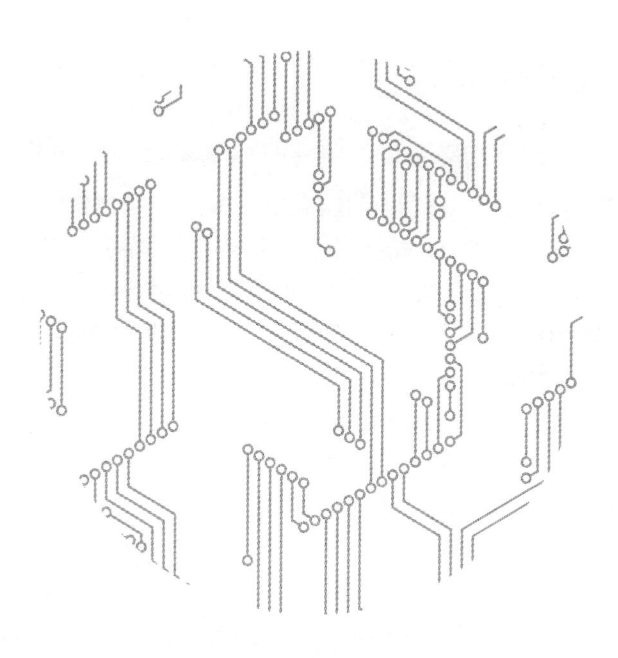

11.1　只有接触器辅助常闭触点互锁的可逆启停控制电路

原理图（图 11.1）

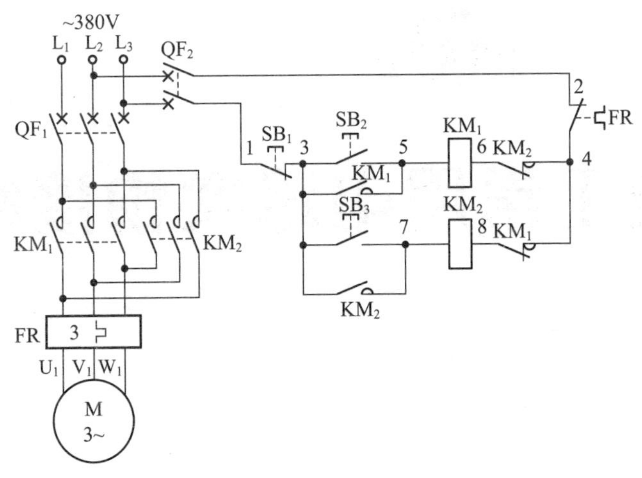

图 11.1　只有接触器辅助常闭触点互锁的可逆启停控制电路

正转启动时，按下正转启动按钮 SB_2（3-5），接通正转交流接触器 KM_1 线圈回路电源，KM_1 线圈得电吸合带动其全部触点一起动作，KM_1 串联在反转交流接触器 KM_2 线圈回路中的辅助常闭触点（4-8）先断开，起到互锁保护作用。KM_1 辅助常开触点（3-5）闭合自锁，KM_1 三相主触点闭合，电动机绕组得电，正相序顺时针方向运转。

正转停止时，按下停止按钮 SB_1（1-3），切断正转交流接触器 KM_1 线圈回路电源，KM_1 线圈断电释放带动其全部触点恢复原始状态，KM_1 辅助常开触点（3-5）断开自锁，KM_1 辅助常闭触点（4-8）恢复常闭解除互锁，KM_1 三相主触点断开，电动机断电，正相序顺时针停止运转。

反转启动时，按下反转启动按钮 SB_3（3-7），接通反转交流接触器 KM_2 线圈回路电源，KM_2 线圈得电吸合带动其全部触点一起动作，KM_2 串联在正转交流接触器 KM_1 线圈回路中的辅助常闭触点（4-6）先断开，起到互锁保护作用。KM_2 辅助常开触点（3-7）闭合自锁，KM_2 三相主触点闭合，将三相电源中的两相颠倒相序，电动机绕组得电，反相序逆时针方向运转。

反转停止时，按下停止按钮 SB_1（1-3），切断反转交流接触器 KM_2 线圈回路电源，KM_2 线圈断电释放带动其全部触点恢复原始状态，KM_2 辅助常开触点（3-7）断开自锁，KM_2 辅助常闭触点（4-6）恢复常闭解除互锁，KM_2 三相主触点断开，电动机断电，反相序逆时针停止运转。

实物接线图（图 11.2）

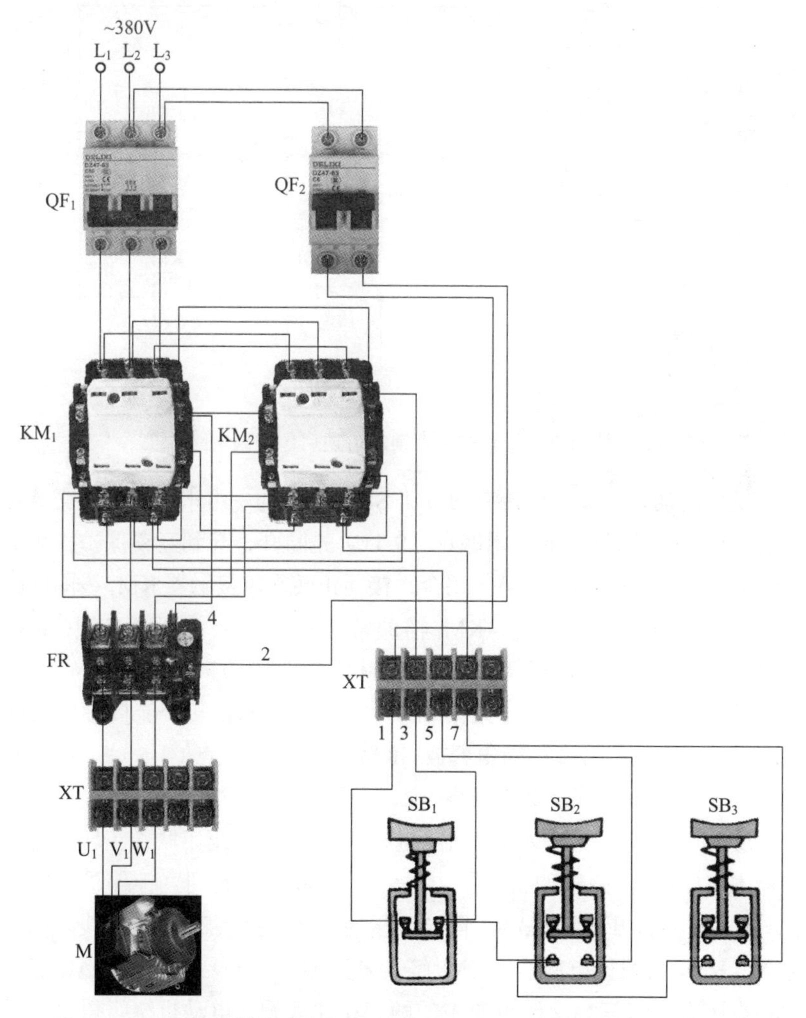

图 11.2　只有接触器辅助常闭触点互锁的可逆启停控制电路实物接线图

11.2　只有按钮互锁的可逆启停控制电路

原理图（图 11.3）

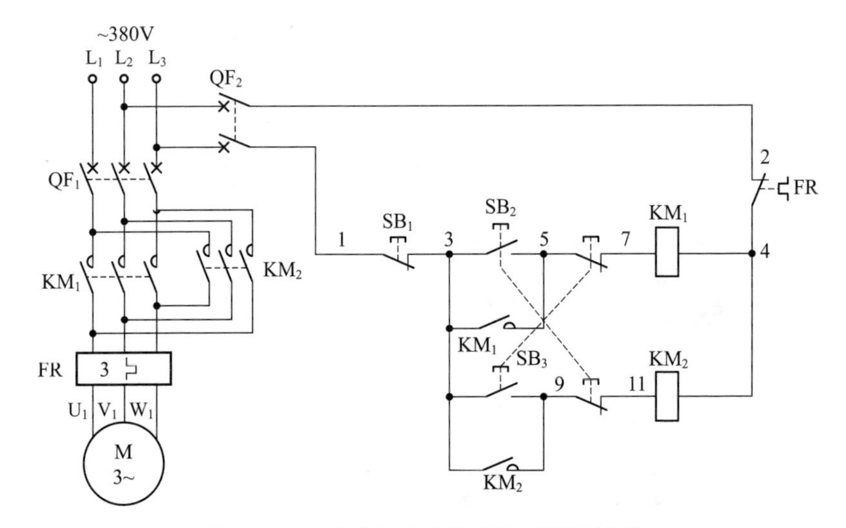

图 11.3　只有按钮互锁的可逆启停控制电路

正转启动时，按下正转启动按钮 SB_2，SB_2 的一组串联在反转交流接触器 KM_2 线圈回路中的常闭触点（9-11）先断开，起到互锁保护作用。SB_2 的另一组常开触点（3-5）闭合，接通正转交流接触器 KM_1 线圈回路电源，KM_1 线圈得电吸合，KM_1 辅助常开触点（3-5）闭合自锁，KM_1 三相主触点闭合，电动机绕组得电，正相序顺时针方向运转。

正转停止时，按下停止按钮 SB_1（1-3），切断正转交流接触器 KM_1 线圈回路电源，KM_1 线圈断电释放，KM_1 辅助常开触点（3-5）断开自锁，KM_1 三相主触点断开，电动机绕组断电，顺时针方向停止运转。

反转启动时，按下反转启动按钮 SB_3，SB_3 的一组串联在正转交流接触器 KM_1 线圈回路中的常闭触点（5-7）先断开，起到互锁保护作用。SB_3 的另一组常开触点（3-9）闭合，接通反转交流接触器 KM_2 线圈回路电源，KM_2 线圈得电吸合，KM_2 辅助常开触点（3-9）闭合，KM_2 三相主触点闭合，将三相交流电源中的两相相序颠倒，电动机绕组得电，反相序逆时针方向运转。

反转停止时，按下停止按钮 SB_1（1-3），切断反转交流接触器 KM_2 线圈回路电源，KM_2 线圈断电释放，KM_2 辅助常开触点（3-9）断开自锁，KM_2 三相主触点断开，电动机绕组断电，逆时针方向停止运转。

实物接线图（图 11.4）

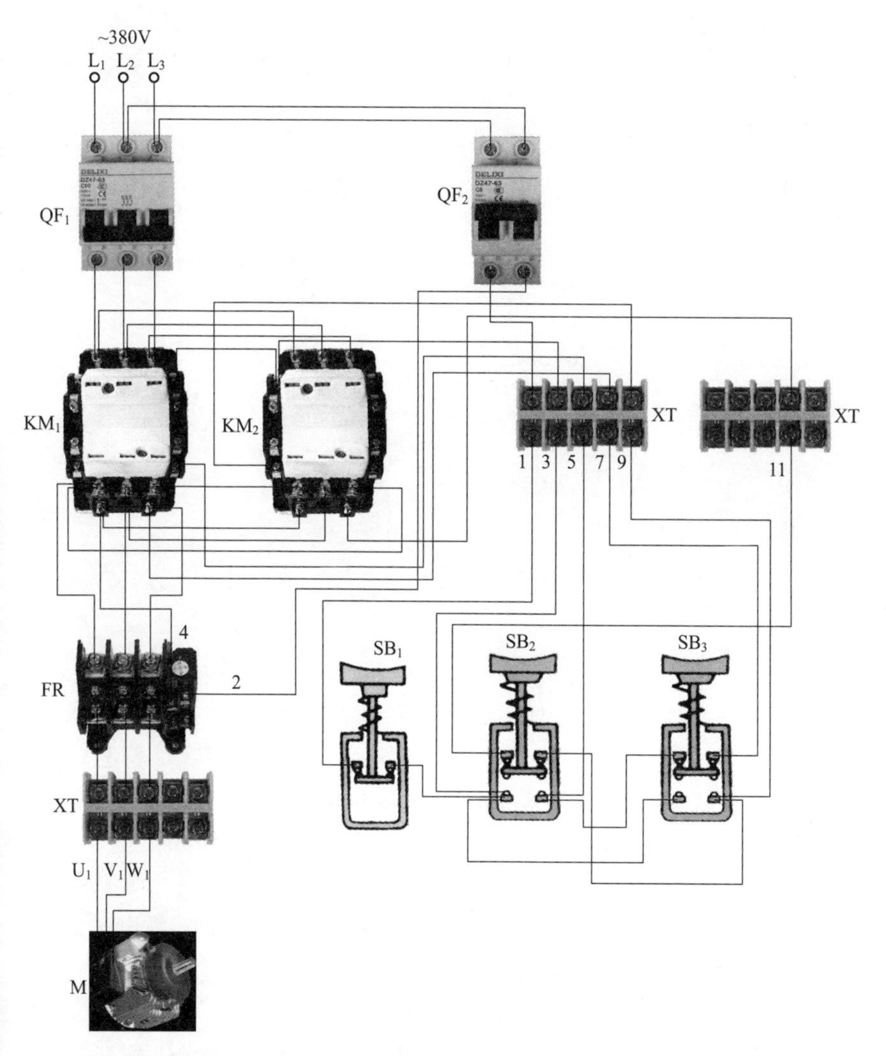

图 11.4 只有按钮互锁的可逆启停控制电路实物接线图

11.3　只有接触器辅助常闭触点互锁的可逆点动控制电路

原理图（图 11.5）

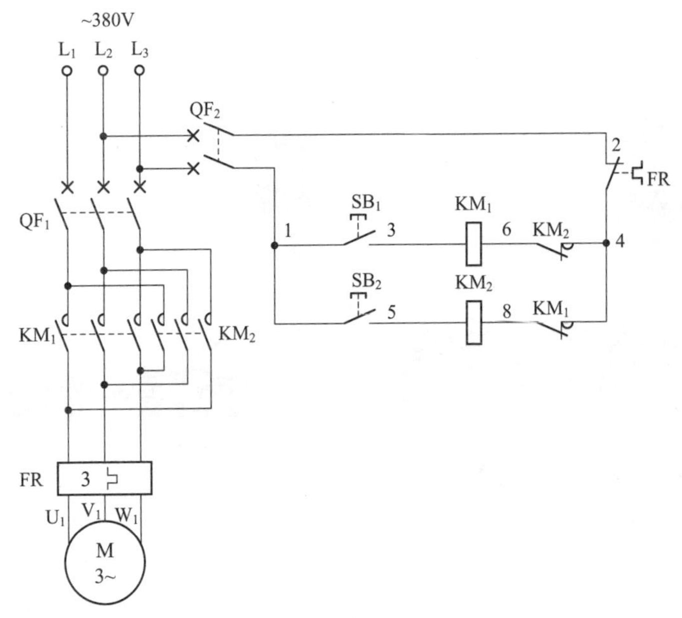

图 11.5　只有接触器辅助常闭触点互锁的可逆点动控制电路

正转点动时，按下正转点动按钮 SB_1（1-3）不松手，接通正转交流接触器 KM_1 线圈回路电源，KM_1 线圈得电吸合，KM_1 串联在 KM_2 线圈回路中的辅助常闭触点（4-8）断开，起到互锁作用，KM_1 三相主触点闭合，电动机得电，正方向转动。松开按下的正转点动按钮 SB_1（1-3），SB_1 常开触点（1-3）立即恢复成常开，切断正转交流接触器 KM_1 线圈回路电源，KM_1 线圈断电释放，KM_1 三相主触点断开，电动机断电，正方向停止运转。

反转点动时，按下反转点动按钮 SB_2（1-5）不松手，接通反转交流接触器 KM_2 线圈回路电源，KM_2 线圈得电吸合，KM_2 串联在 KM_1 线圈回路中的辅助常闭触点（4-6）断开，起到互锁作用，KM_2 三相主触点闭合，将三相电源中的两相颠倒相序，电动机得电，反方向转动。松开按下的反转点动按钮 SB_2（1-5），SB_2 常开触点（1-5）立即恢复成常开，切断反转交流接触器 KM_2 线圈回路电源，KM_2 线圈断电释放，KM_2 三相主触点断开，电动机断电，反方向停止运转。

实物接线图（图 11.6）

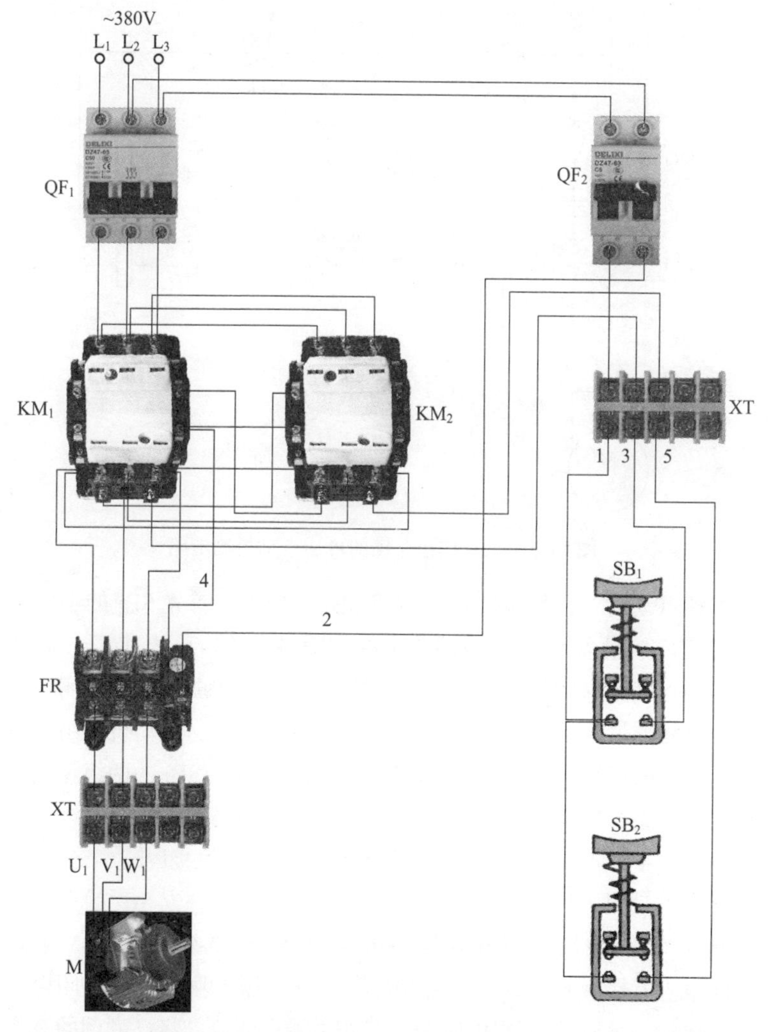

图 11.6　只有接触器辅助常闭触点互锁的可逆点动控制电路实物接线图

11.4　只有按钮互锁的可逆点动控制电路

原理图（图 11.7）

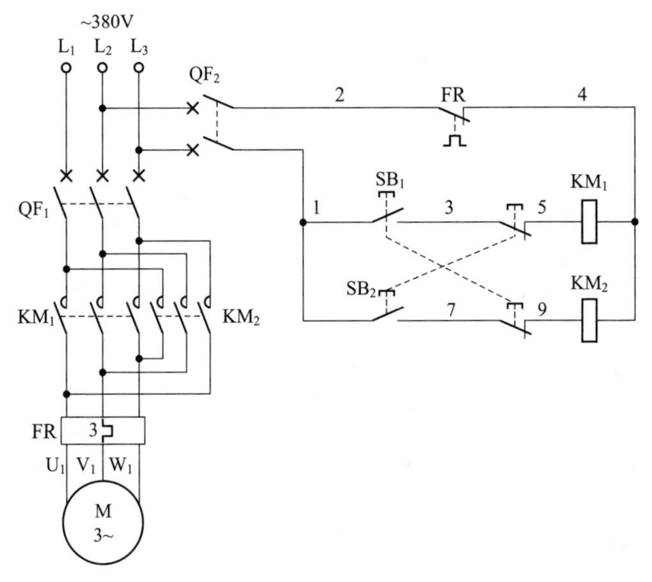

图 11.7　只有按钮互锁的可逆点动控制电路

正转点动时，按住正转点动按钮 SB_1 不松手。首先 SB_1 的一组串联在反转交流接触器 KM_2 线圈回路中的常闭触点（7-9）先断开，起到按钮常闭触点互锁保护作用，然后 SB_1 的另一组常开触点（1-3）闭合，正转交流接触器 KM_1 线圈得电吸合，三相主触点闭合，电动机绕组得电，顺时针正方向运转。松开按下的正转点动按钮 SB_1，SB_1 的两组触点全部恢复初始状态，切断正转交流接触器 KM_1 线圈回路电源，KM_1 线圈断电释放，三相主触点断开，电动机绕组断电，正方向停止运转。

反转点动时，按住反转点动按钮 SB_2 不松手。首先 SB_2 的一组串联在正转交流接触器 KM_1 线圈回路中的常闭触点（3-5）先断开，起到按钮常闭触点互锁保护作用，然后 SB_2 的另一组常开触点（1-7）闭合，反转交流接触器 KM_2 线圈得电吸合，三相主触点闭合，将已颠倒的三相中的两相电源改变相序，电动机绕组得电，反方向运转。松开按下的反转

点动按钮 SB_2，SB_2 的两组触点全部恢复初始状态，切断反转交流接触器 KM_2 线圈回路电源，KM_2 线圈断电释放，三相主触点断开，电动机绕组断电，反方向停止运转。

实物接线图（图 11.8）

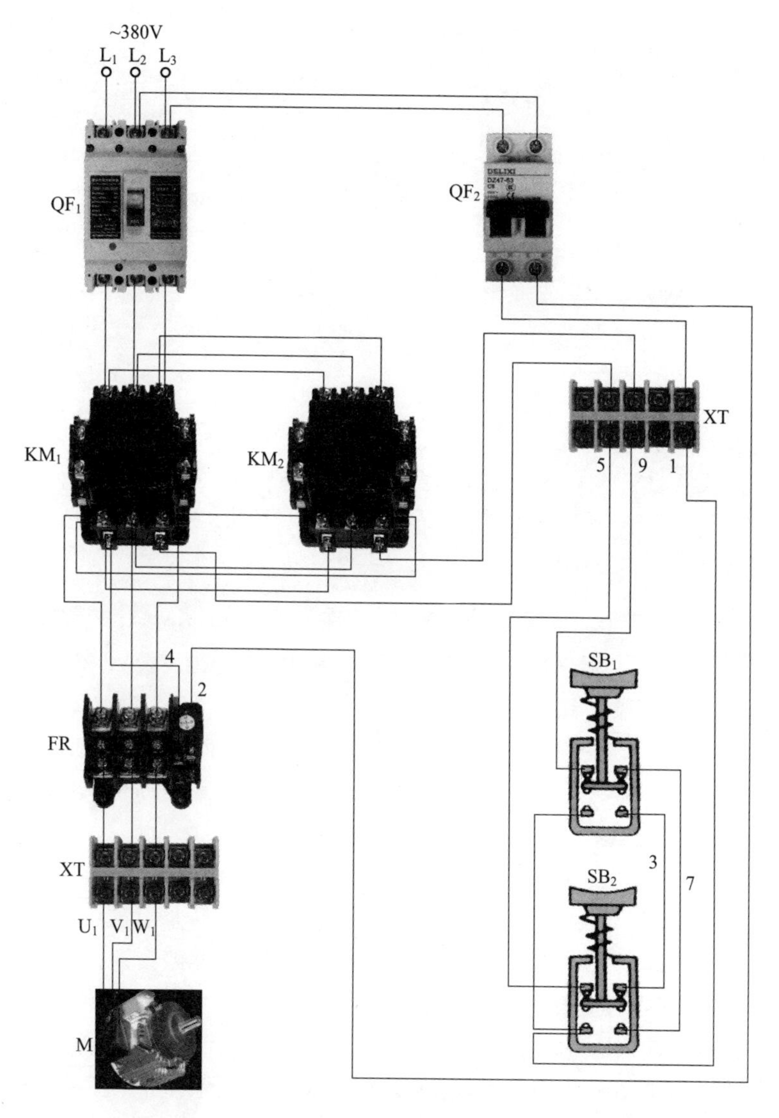

图 11.8　只有按钮互锁的可逆点动控制电路实物接线图

11.5　启动、停止、点动混合控制电路（一）

原理图（图 11.9）

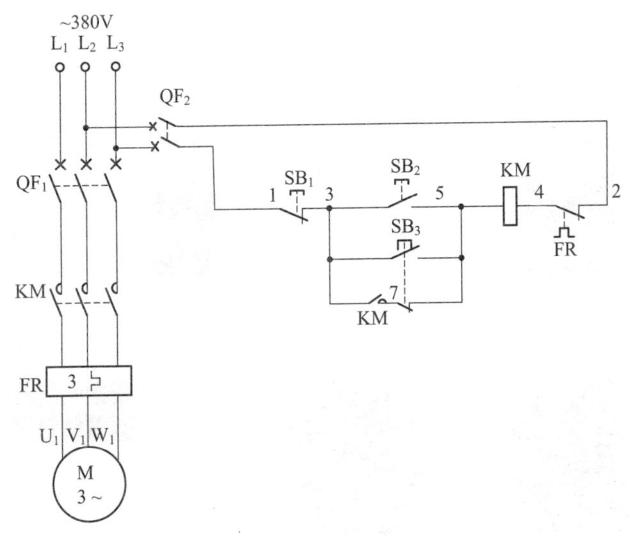

图11.9　启动、停止、点动混合控制电路（一）

启动时，按下启动按钮 SB_2（3-5），接通交流接触器KM线圈回路电源，KM线圈得电吸合，KM辅助常开触点（3-7）闭合自锁，三相主触点闭合，电动机得电连续运转。

停止时，按下停止按钮 SB_1（1-3），切断交流接触器KM线圈回路电源，KM线圈断电释放，触点恢复初始状态，KM三相主触点断开，电动机失电立即停止运转。

点动实际很简单，点动按钮有两组触点，一组常开触点与启动按钮并联，一组常闭触点串联在自锁回路中。点动时，按下点动按钮 SB_3，SB_3 的一组常闭触点（5-7）先断开，切断KM线圈回路自锁，KM线圈失去自锁。SB_3 的一组常开触点（3-5）后闭合，虽然KM线圈得电能吸合，没有自锁就是点动操作，此时KM三相主触点闭合，电动机得电运转。松开点动按钮 SB_3，SB_3 触点恢复原状，KM线圈断电释放，三相主触点断开，电动机断电停止运转。

实物接线图（图 11.10）

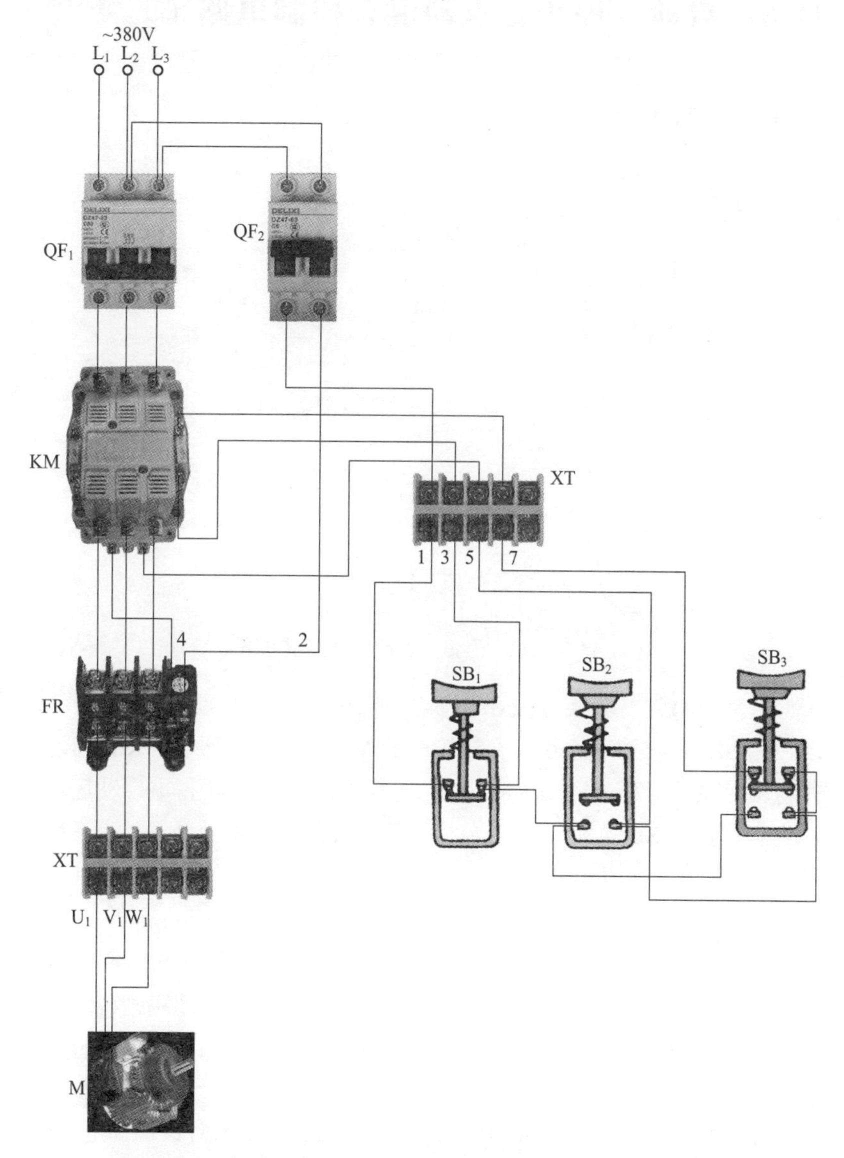

图 11.10　启动、停止、点动混合控制电路（一）实物接线图

11.6　启动、停止、点动混合控制电路（二）

原理图（图 11.11）

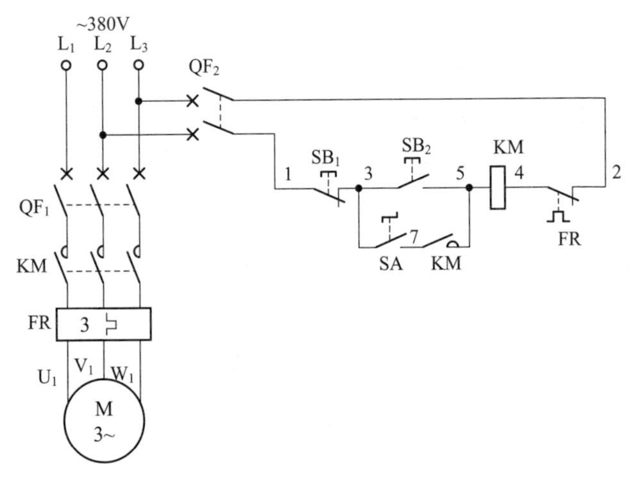

图 11.11　启动、停止、点动混合控制电路（二）

点动时，先将转换开关 SA（3-7）断开，切断自锁回路。再按下启动按钮 SB_2（3-5）不松手，交流接触器 KM 线圈得电吸合，KM 辅助常开自锁触点（5-7）闭合，KM 三相主触点闭合，电动机得电启动运转。松开启动按钮 SB_2（3-5），交流接触器 KM 线圈断电释放，KM 三相主触点断开，电动机断电停止运转。按下启动按钮 SB_2 的时间，就是电动机点动运转的时间。

启动连续运转时，转换开关 SA（3-7）闭合自锁回路正常起作用，按下启动按钮 SB_2（3-5）就松手，交流接触器 KM 线圈得电吸合，KM 辅助常开自锁触点（5-7）闭合自锁，KM 三相主触点闭合，电动机得电连续运转。

停止时，按下停止按钮 SB_1（1-3），交流接触器 KM 线圈断电释放，KM 所有触点都断开，电动机断电停止运转。倘若电动机连续运转，也可将转换开关 SA（3-7）断开来停止电动机。SA（3-7）断开切断 KM 线圈自锁回路，接触器 KM 线圈断电释放，KM 三相主触点断开，电动机断电停止运转。

电路中按钮 SB_2（3-5）作用多，既能点动又能启动来操作。转换开关 SA 作用有三种：一种选择点动用，另一种选择连续运转用，最后一种可当停止按钮用。

实物接线图（图 11.12）

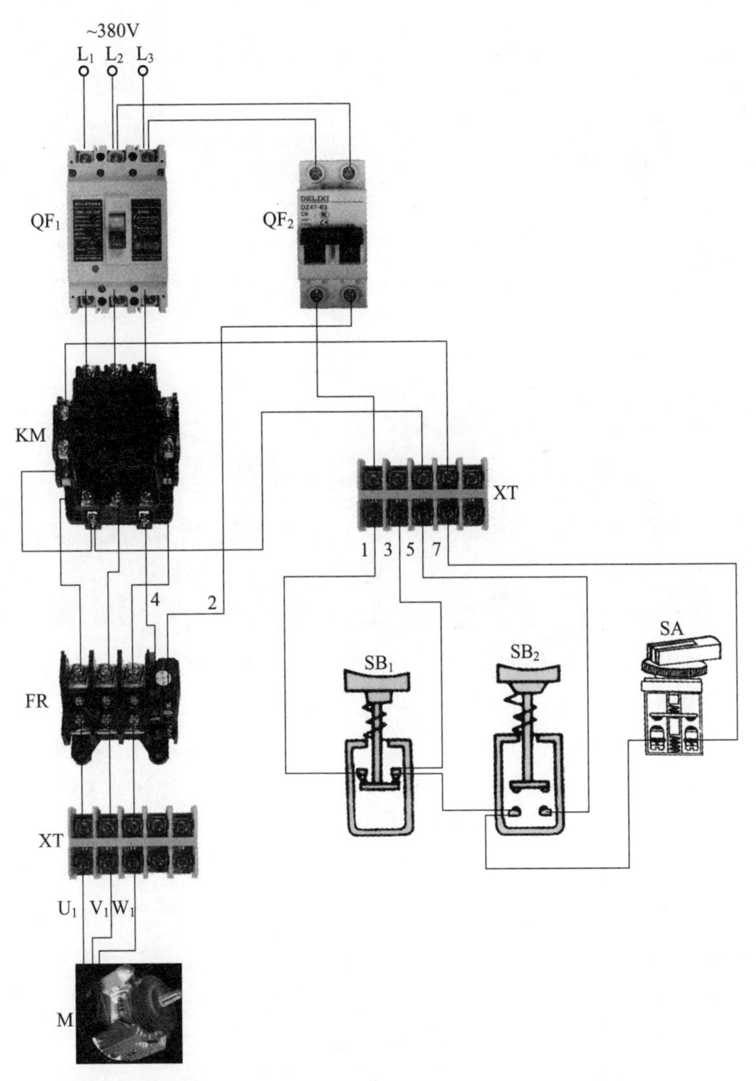

图11.12　启动、停止、点动混合控制电路（二）实物接线图

11.7　启动、停止、点动混合控制电路（三）

原理图（图 11.13）

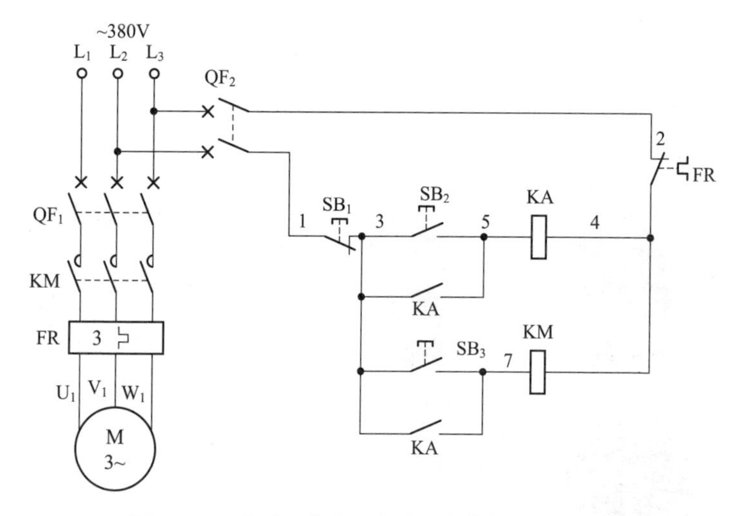

图 11.13　启动、停止、点动混合控制电路（三）

启动时，按下启动按钮 SB_2（3-5），中间继电器 KA 线圈得电吸合且 KA 常开触点（3-5）闭合自锁；KA 的另一组常开触点（3-7）闭合，交流接触器 KM 线圈得电吸合，KM 三相主触点闭合，电动机得电启动运转。此时松开启动按钮 SB_2（3-5），中间继电器 KA 和交流接触器 KM 线圈仍然都吸合，电动机会继续连续运转。

停止时，按下停止按钮 SB_1（1-3），切断中间继电器 KA 线圈回路电源，KA 线圈断电，全部触点（3-5、3-7）都断开，接触器 KM 线圈断电，KM 主触点断开，电动机断电停止运转。

点动时，按下点动按钮 SB_3（3-7）不松手，接通交流接触器 KM 线圈回路电源，KM 线圈得电吸合，KM 三相主触点闭合，电动机得电启动运转。倘若此时松开手，点动按钮 SB_3（3-7）恢复常开，接触器 KM 线圈断电释放，KM 三相主触点断开，电动机断电停止运转，从而完成点动操作点动转。

实物接线图（图 11.14）

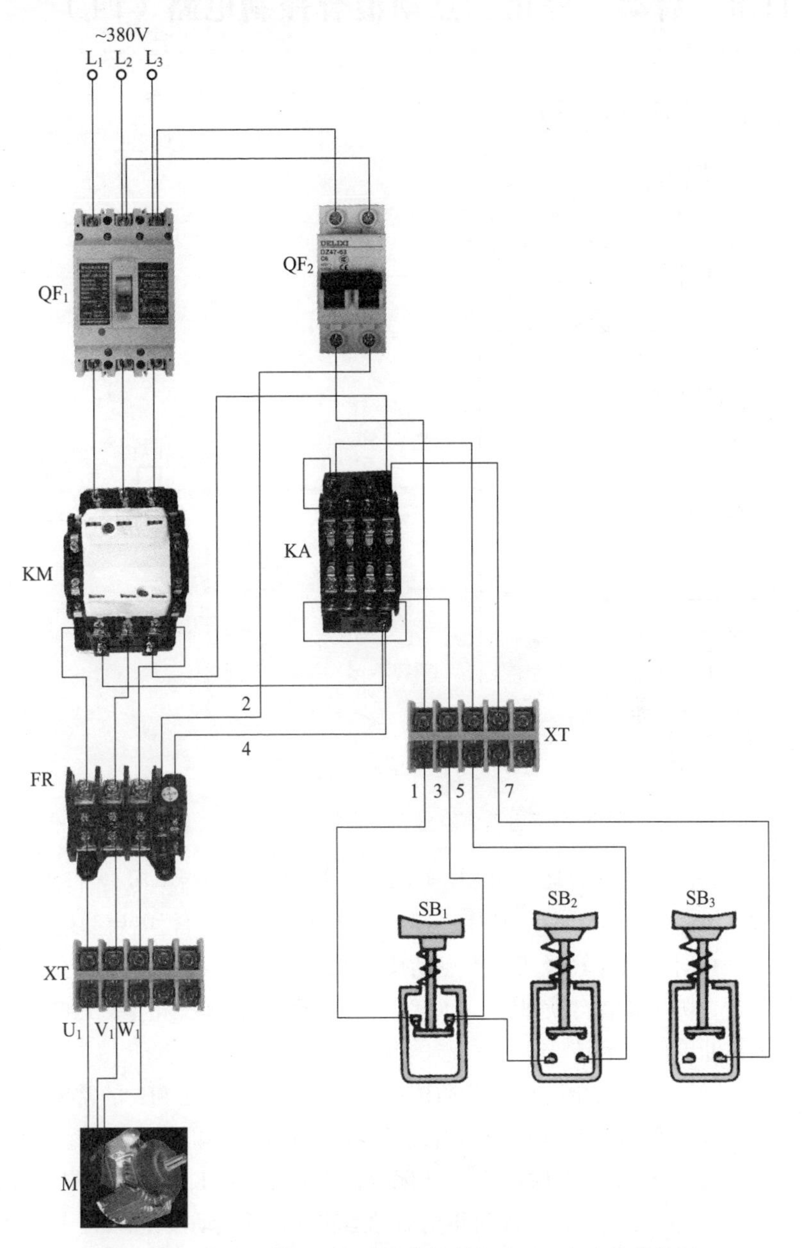

图11.14　启动、停止、点动混合控制电路（三）实物接线图

11.8　启动、停止、点动混合控制电路（四）

原理图（图 11.15）

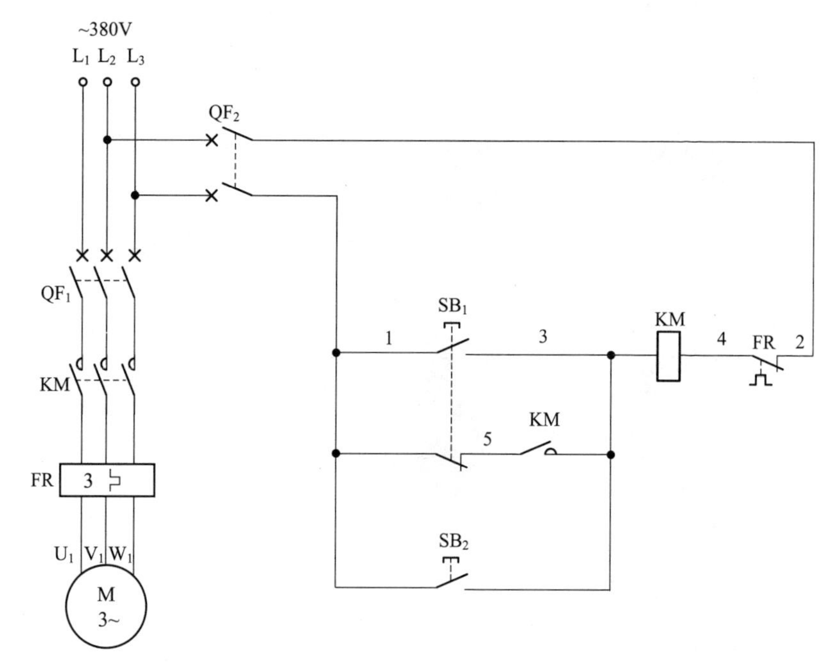

图 11.15　启动、停止、点动混合控制电路（四）

启动时，按下启动按钮 SB_2（1-3），接触器线圈得电吸合，辅助常开触点（3-5）闭合自锁，KM 三相主触点闭合，电动机得电启动运转。

停止时，只要轻轻按一下点动按钮 SB_1，它的一组常闭触点（1-5）就断开，切断 KM 自锁回路，KM 线圈断电释放，KM 三相主触点断开，电动机断电停止运转。

点动其实很简单，按下点动按钮 SB_1 不松手，首先 SB_1 的常闭触点（1-5）立即断开，切断自锁回路，没有自锁电动机不能连续运转。

同时，SB_1 的常开触点（1-3）闭合，交流接触器 KM 线圈得电吸合，KM 三相主触点闭合，电动机得电启动运转。松开点动按钮 SB_1，KM 线圈回路断开，KM 线圈断电释放，三相主触点断开，电动机断电停止运转。

按下点动按钮 SB_1 的时间，就是电动机的点动运转时间。

实物接线图（图 11.16）

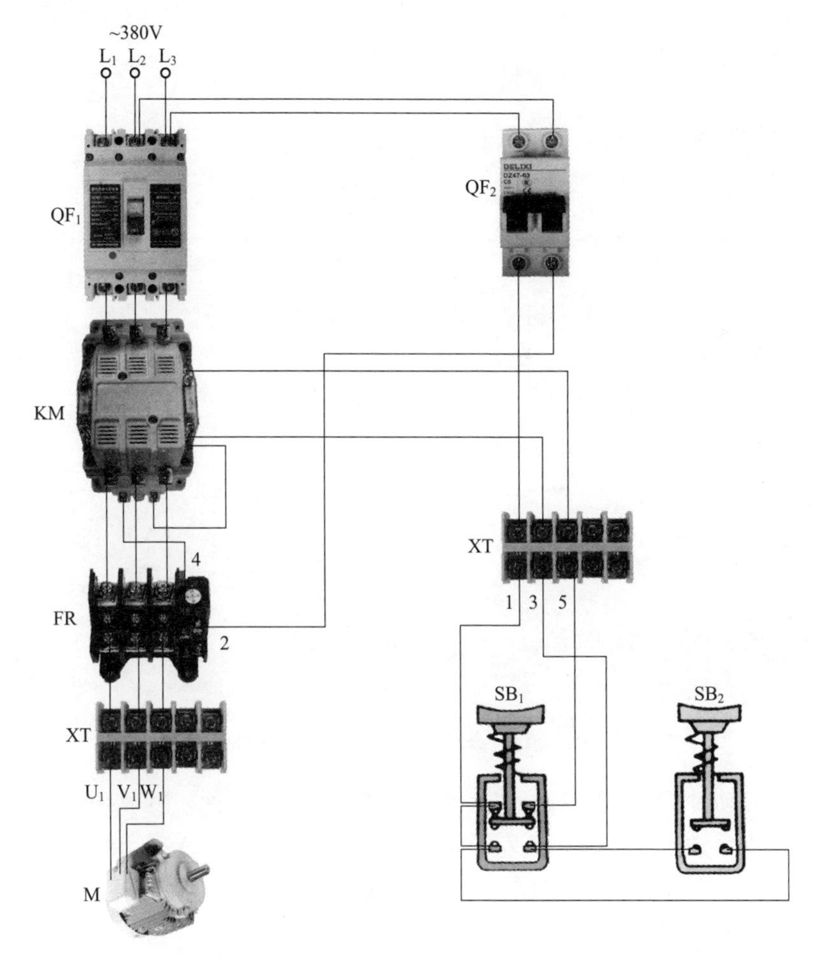

图 11.16 启动、停止、点动混合控制电路（四）实物接线图

11.9　启动、停止、点动混合控制电路（五）

原理图（图 11.17）

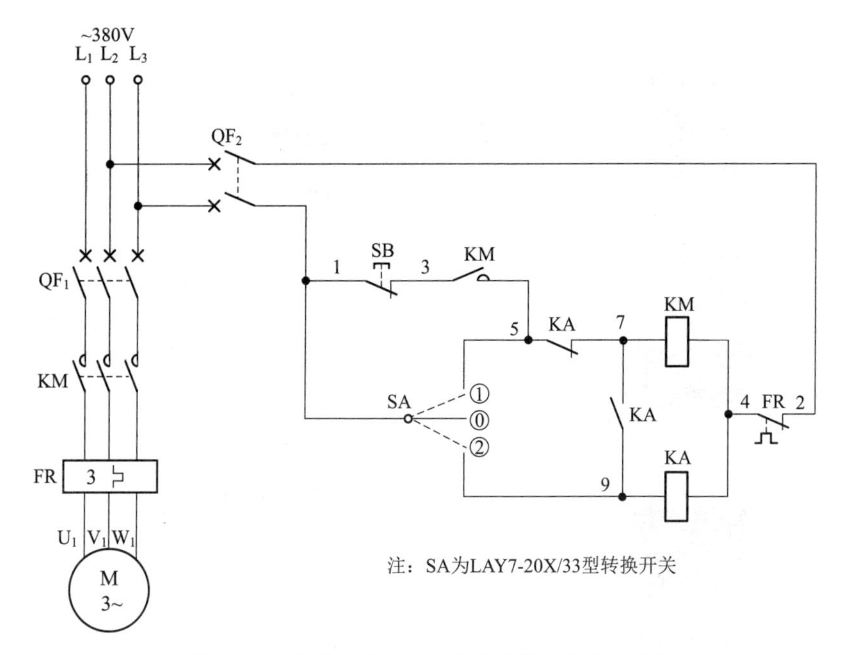

图 11.17　启动、停止、点动混合控制电路（五）

点动时，将开关 SA 由 0 位置旋转到 2 位置不松手，中间继电器 KA 线圈吸合，KA 常闭触点（5-7）断开，切断 KM 自锁回路，KA 常开触点（7-9）闭合，交流接触器 KM 线圈吸合，KM 辅助常开自锁触点（3-5）闭合此时没有用，KM 三相主触点闭合，电动机得电启动运转。

松开转换开关 SA，SA 自动由位置 2 回到位置 0，中间继电器 KA 线圈断电释放，其触点恢复原状，交流接触器 KM 线圈断电释放，其触点也恢复原状，KM 三相主触点断开，电动机断电停止运转。

用手将 SA 转换开关从 0 位置旋转到 1 位置的时间长短就是电动机的点动运转时间。

启动时，将 SA 由 0 位置旋转到 1 位置后松手，SA 由 1 位置自动回到 0 位置。交流接触器 KM 线圈得电吸合，KM 辅助常开触点（3-5）闭合自锁，KM 三相主触点闭合，电动机得电连续运转。

停止时，按下停止按钮 SB（1-3），SB（1-3）常闭变成常开，KM 线圈断电释放，KM 三相主触点断开，电动机断电停止运转。

实物接线图（图 11.18）

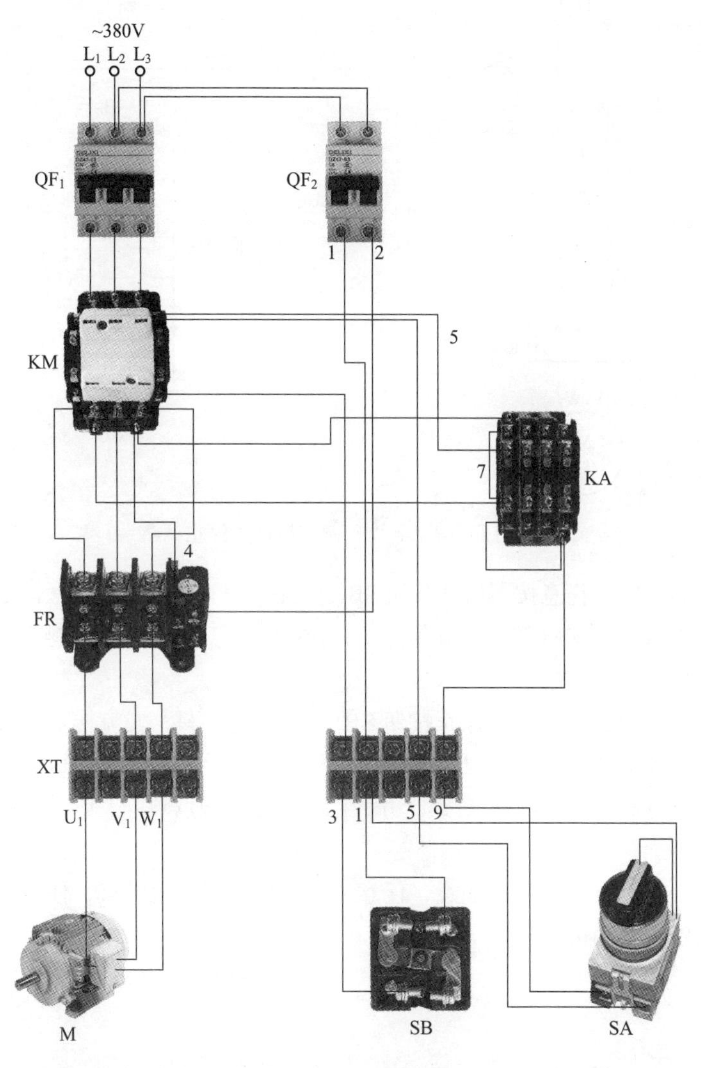

图11.18 启动、停止、点动混合控制电路（五）实物接线图

11.10　五地控制的启动、停止电路

原理图（图 11.19）

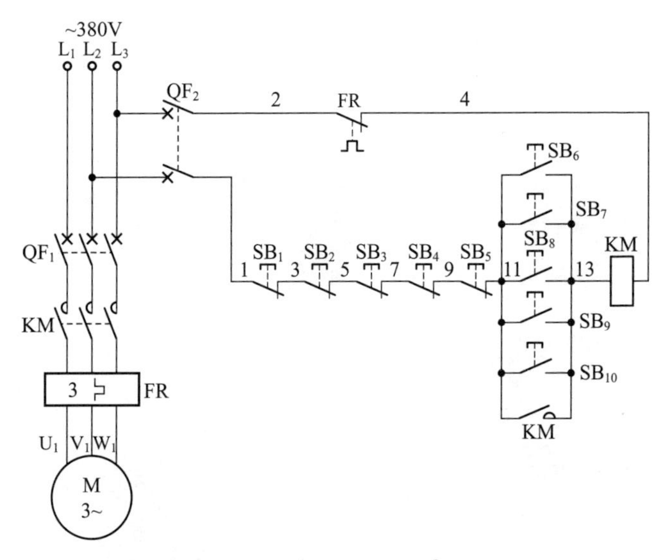

图 11.19　五地控制的启动、停止电路

启动时，任意按下启动按钮 SB_6 至 SB_{10} 的一只，交流接触器 KM 线圈得电吸合且 KM 辅助常开触点（11-13）自锁，KM 三相主触点闭合，电动机得电运转起来。

停止时，任意按下停止按钮 SB_1 至 SB_5 的一只，交流接触器 KM 线圈回路被切断，反作用力弹簧起作用，KM 触点全部恢复原状态。KM 辅助常开触点（11-13）自锁断开，KM 三相主触点断开，电动机断电停止运转。

一地至五地操作很随意，任意一地都可以启动电动机，任意一地都可以停止电动机。

实物接线图（图 11.20）

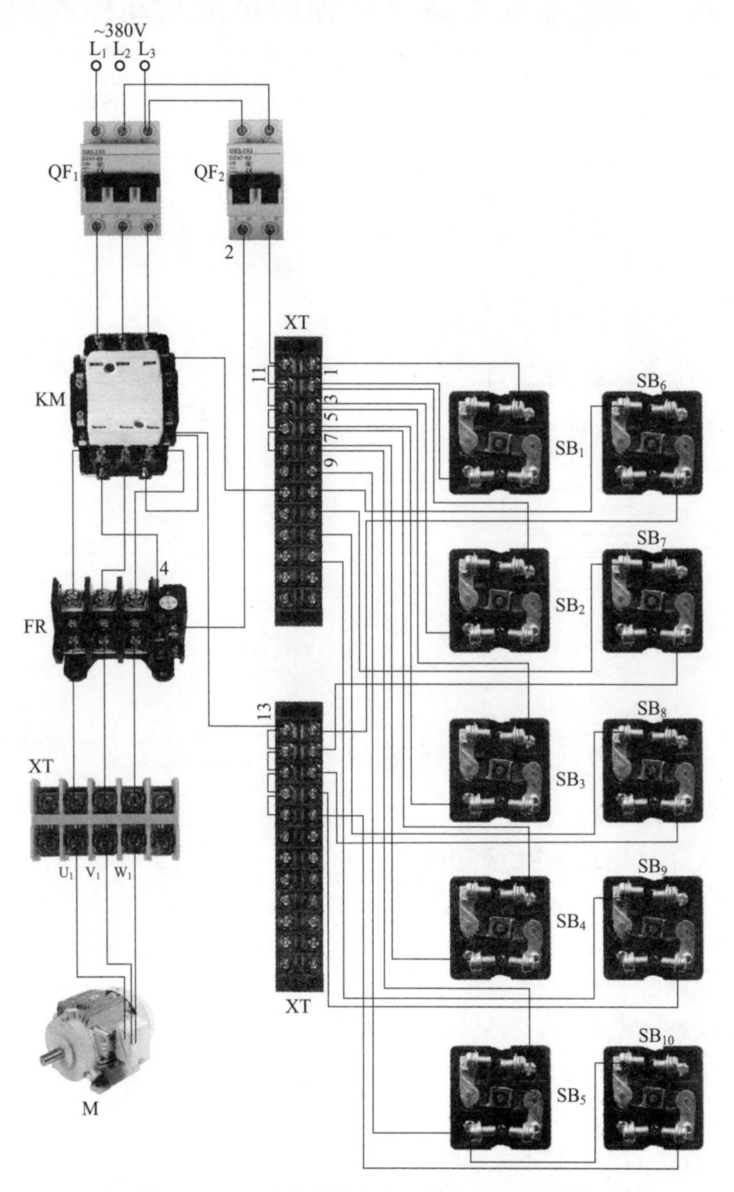

图 11.20　五地控制的启动、停止电路实物接线图

11.11　接触器及按钮双互锁的可逆点动控制电路

原理图（图 11.21）

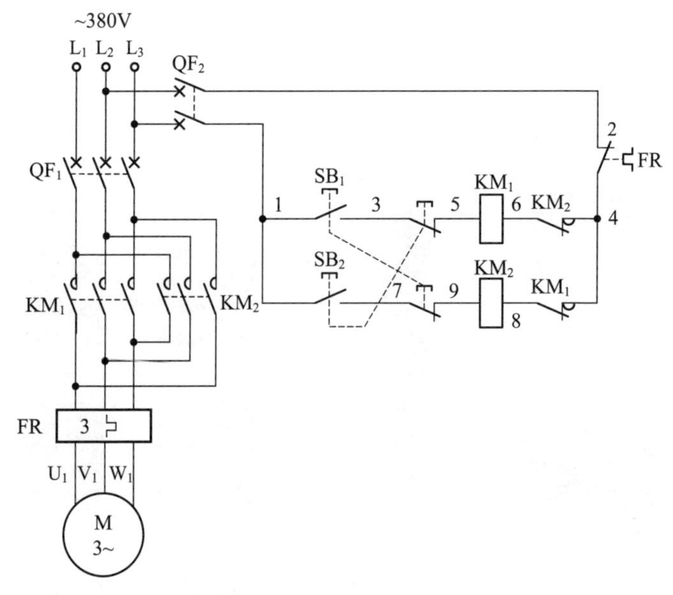

图 11.21　接触器及按钮双互锁的可逆点动控制电路

正转点动时，按下正转点动按钮 SB_1，SB_1 的一组串联在反转交流接触器 KM_2 线圈回路中的常闭触点 (7−9) 断开，起到按钮常闭触点互锁保护作用，SB_1 的另外一组常开触点 (1−3) 闭合，正转交流接触器 KM_1 线圈得电吸合，KM_1 三相主触点闭合，电动机得电正转启动运转；与此同时，KM_1 串联在反转交流接触器 KM_2 线圈回路中的辅助常闭触点 (4−8) 断开，起到接触器常闭触点互锁保护作用。松开正转点动按钮 SB_1(1−3)，正转交流接触器 KM_1 线圈断电释放，KM_1 三相主触点断开，电动机失电正转停止运转，从而完成正转点动操作。

反转点动时，按下反转点动按钮 SB_2，SB_2 的一组串联在正转交流接触器 KM_1 线圈回路中的常闭触点 (3−5) 断开，起到按钮常闭触点互锁保护作用，SB_2 的另外一组常开触点 (1−7) 闭合，反转交流接触器 KM_2 线圈得电吸合，KM_2 三相主触点闭合，电动机得电反转启动运转；与此同时，KM_2 串联在正转交流接触器 KM_1 线圈回路中的辅助常闭触点 (4–6) 断开，起到接触器常闭触点互锁保护作用。松开反转点动按钮 SB_2(1–7)，反转交流接触器 KM_2 线圈断电释放，KM_2 三相主触点断开，电动机失电反转停止运转，从而完成反转点动操作。

实物接线图（图 11.22）

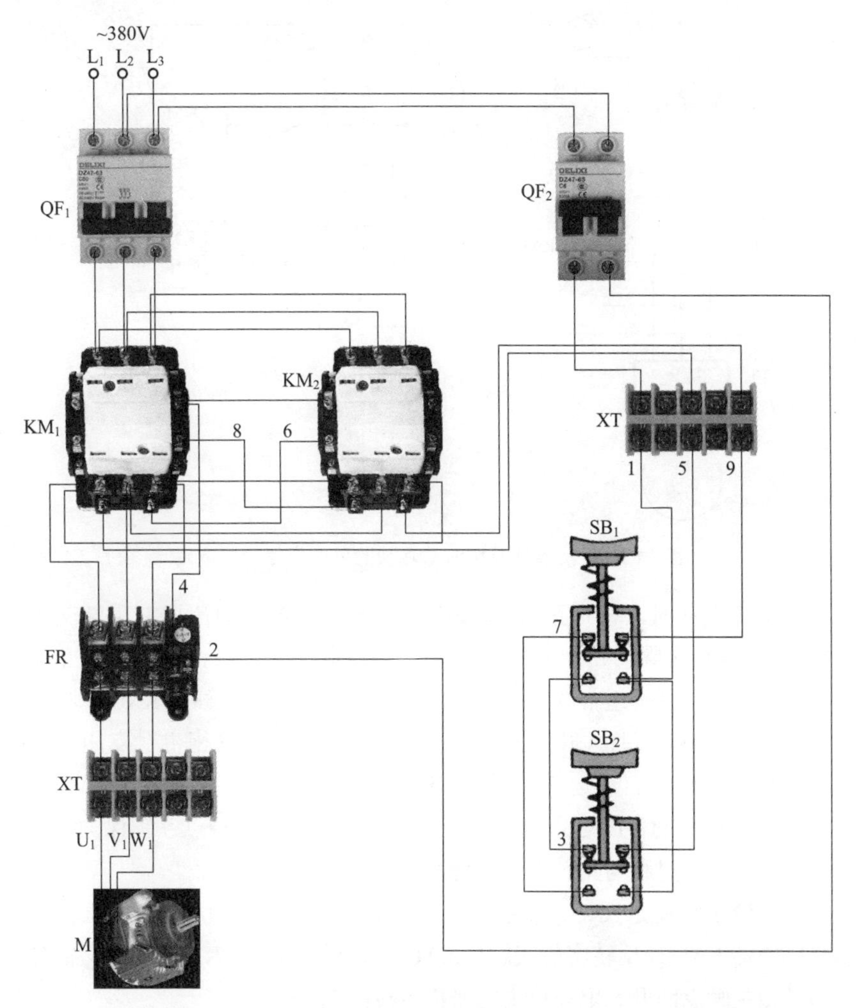

图 11.22　接触器及按钮双互锁的可逆点动控制电路实物接线图

11.12　接触器及按钮双互锁的可逆启停控制电路

原理图（图 11.23）

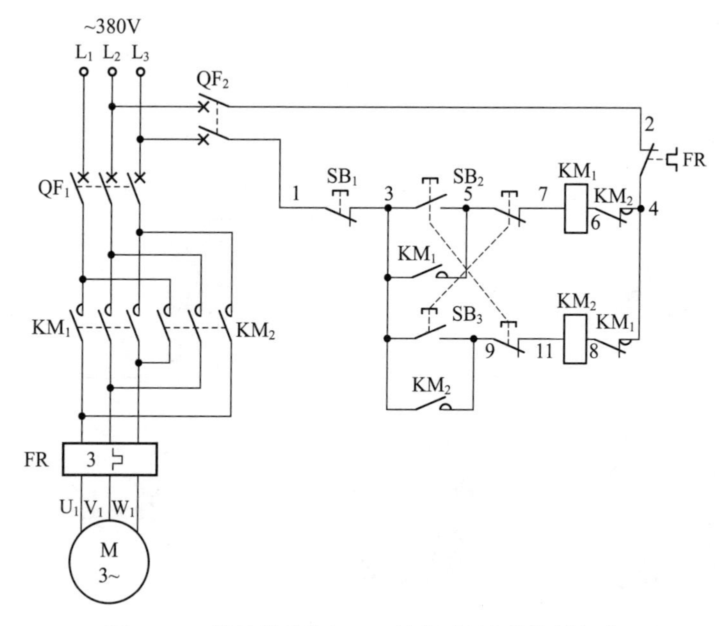

图 11.23　接触器及按钮双互锁的可逆启停控制电路

正转启动时，按下正转启动按钮 SB_2，SB_2 的一组串联在反转交流接触器 KM_2 线圈回路中的常闭触点 (9-11) 断开，为按钮常闭触点互锁保护，SB_2 的另一组常开触点 (3-5) 闭合，正转交流接触器 KM_1 线圈得电吸合且 KM_1 辅助常开触点 (3-5) 闭合自锁，KM_1 三相主触点闭合，电动机得电正转启动运转；同时，KM_1 串联在反转交流接触器 KM_2 线圈回路中的辅助常闭触点 (4-8) 断开，为接触器常闭触点互锁保护。

反转启动过程与正转类似，请读者自行分析。

无论正转还是反转，欲停止时，按下停止按钮 SB_1(1-3)，则正转交流接触器 KM_1 或反转交流接触器 KM_2 线圈断电释放，KM_1 或 KM_2 各自的三相主触点断开，电动机失电停止运转。

实物接线图（图 11.24）

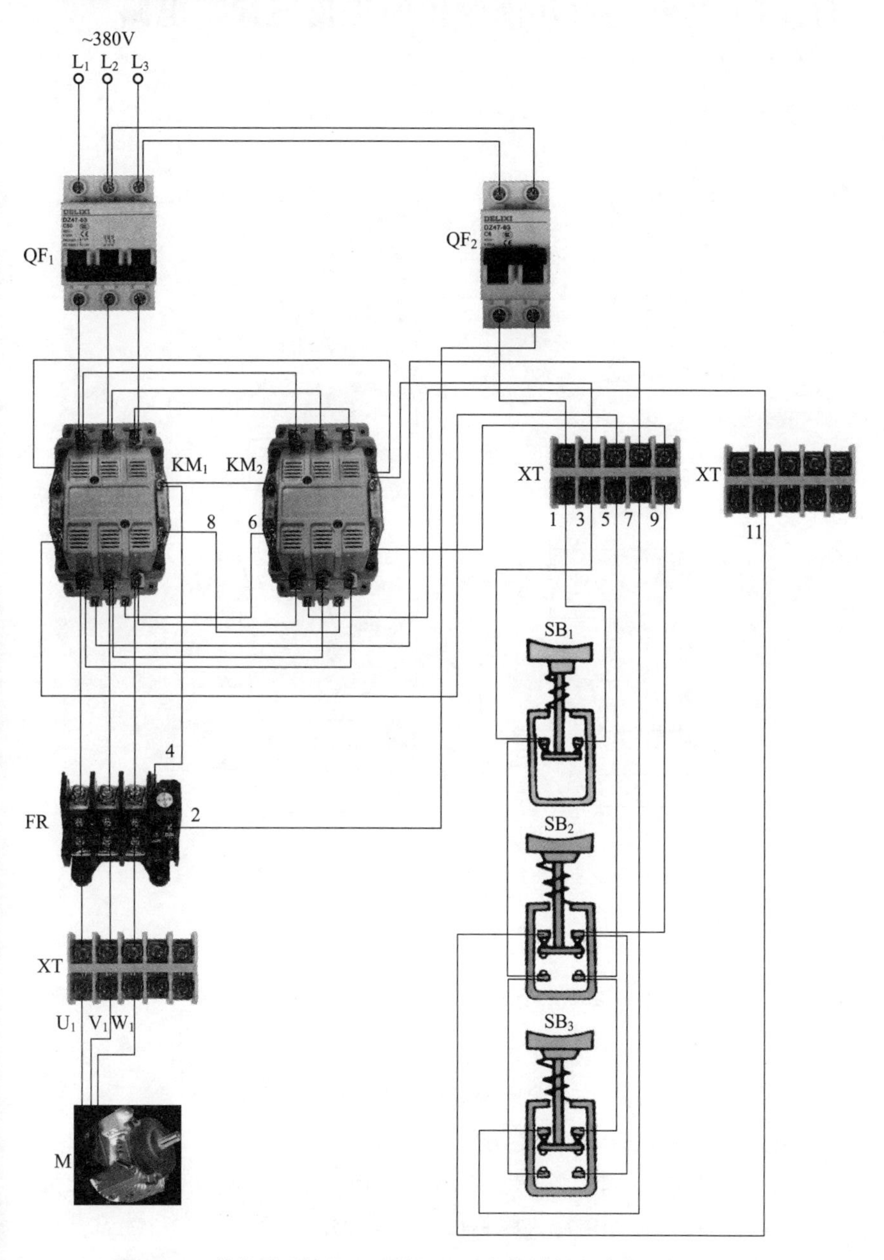

图 11.24　接触器及按钮双互锁的可逆启停控制电路实物接线图

11.13　具有三重互锁保护的正反转控制电路

原理图（图 11.25）

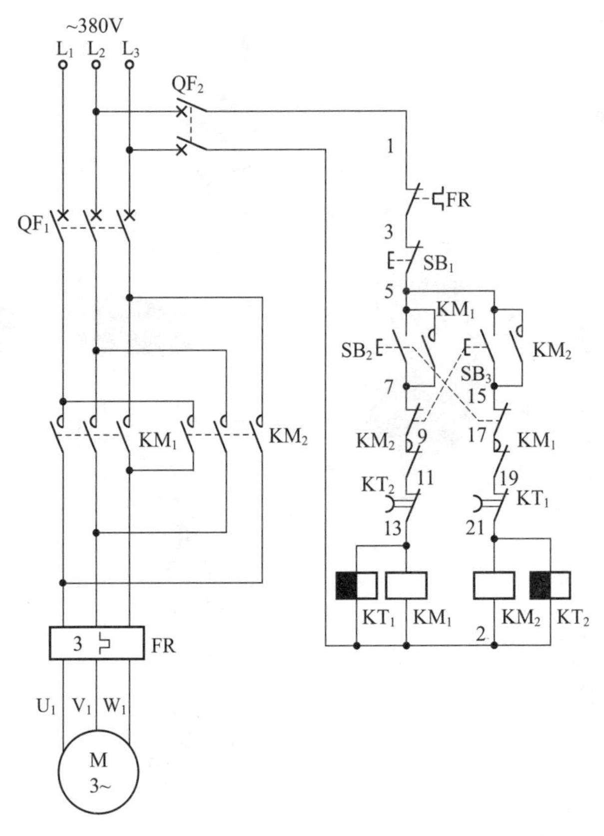

图 11.25　具有三重互锁保护的正反转控制电路

所谓三重互锁，即按钮常闭触点互锁、交流接触器常闭触点互锁和失电延时时间继电器失电延时闭合的常闭触点互锁。

正转启动时，按下正转启动按钮 SB_2，首先 SB_2 的一组串联在反转交流接触器 KM_2 线圈回路中的常闭触点 (15-17) 断开，切断了反转交流接触器 KM_2 线圈回路电源，起到按钮互锁作用；SB_2 的另外一组常开触点 (5-7) 闭合，使正转交流接触器 KM_1 和失电延时时间继电器 KT_1 线圈均得电吸合且KM_1辅助常开触点(5-7)闭合自锁。同时，KM_1串联在反转交流接触器KM_2线圈回路中的辅助常闭触点(17-19)断开，起到交流接触器常闭触点互锁作用；KT_1串联在反转交流接触器KM_2线圈回路中的失电延时闭合的常闭触点(19-21)立即断开，反转交流接触器KM_2线圈回路处于断开状态，此作用为失电延时闭合的常闭触点互锁。这样就保证了在正转工作时，反转控制回路是得不到工作条件的，安全互锁程度极高。此时正转交流接触器KM_1三相主触点闭合，电动机得电正转启动运转。

正转停止时，按下停止按钮SB_1(3-5)，正转交流接触器KM_1和失电延时时间继电器KT_1线圈均断电释放，KM_1三相主触点断开，切断了电动机正转电源，电动机失电正转停止运转；在正转交流接触KM_1线圈断电释放的同时，KM_1串联在反转交流接触器KM_2线圈回路中的辅助常闭触点(17-19)恢复常闭状态，为反转控制回路工作提供条件，但此时若按下反转启动按钮SB_3，反转交流接触器KM_2线圈也不会得电吸合。为什么呢？因为还有一个互锁装置未解除，也就是说，在失电延时时间继电器KT_1线圈断电的同时，KT_1开始延时，KT_1串联在反转交流接触器KM_2线圈回路中的失电延时闭合的常闭触点(19-21)开始延时恢复，经KT_1一段时间延时(一般为3s)后，KT_1失电延时闭合的常闭触点(19-21)才能恢复常闭状态，这时才允许进行反转回路启动操作。

反转启动及反转停止控制过程与正转类似，请读者自行分析。现将正反转回路的三重互锁情况总结见表11.1。

表11.1 正反转回路的三重互锁

正转回路（交流接触器KM_1线圈回路）	第一重互锁：按钮SB_3常闭触点（7-9）互锁	第二重互锁：接触器KM_2辅助常闭触点（9-11）互锁	第三重互锁：失电延时时间继电器KT_2失电延时断开的常开触点（11-13）互锁
反转回路（交流接触器KM_2线圈回路）	第一重互锁：按钮SB_2常闭触点（15-17）互锁	第二重互锁：接触器KM_1辅助常闭触点（17-19）互锁	第三重互锁：失电延时时间继电器KT_1失电延时断开的常开触点（19-21）互锁

实物接线图（图 11.26）

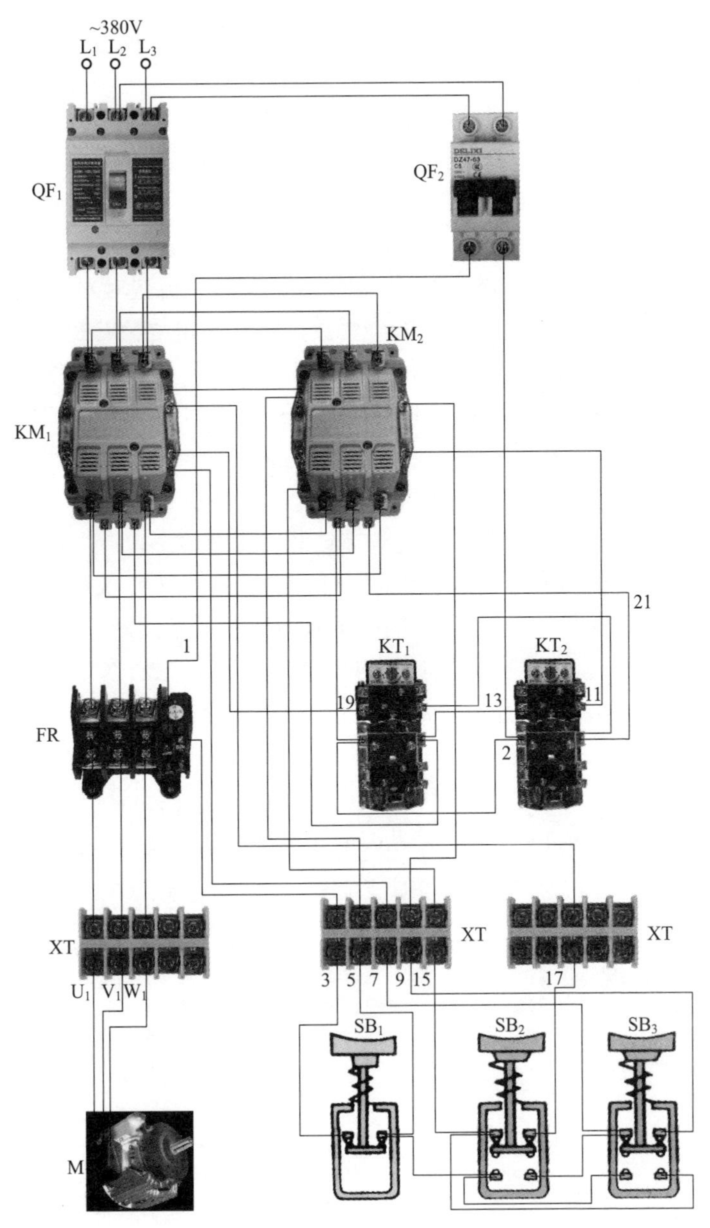

图 11.26　具有三重互锁保护的正反转控制电路实物接线图

11.14　可逆点动与启动混合控制电路

原理图（图 11.27）

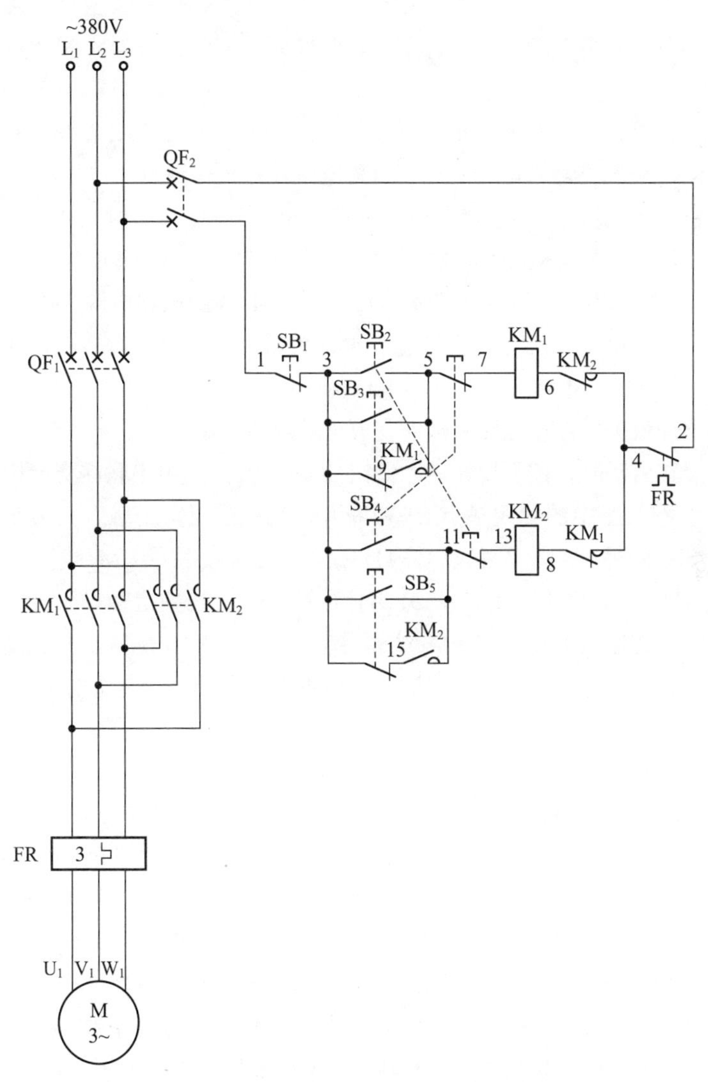

图 11.27　可逆点动与启动混合控制电路

正转启动时，按下正转启动按钮 SB_2，SB_2 的一组串联在交流接触器 KM_2 线圈回路中的常闭触点 (11–13) 断开，起到按钮常闭触点互锁作用，同时，SB_2 的另一组常开触点 (3–5) 闭合，交流接触器 KM_1 线圈得电吸合且 KM_1 辅助常开触点 (5–9) 闭合自锁，KM_1 三相主触点闭合，电动机得电正转连续运转。在 KM_1 线圈得电吸合时，KM_1 串联在交流接触器 KM_2 线圈回路中的辅助常闭触点 (4–8) 断开，起到接触器常闭触点互锁作用。

正转停止时，按下停止按钮 SB_1(1–3)，交流接触器 KM_1 线圈断电释放，KM_1 三相主触点断开，电动机失电正转停止运转。

正转点动时，按下正转点动按钮 SB_3，SB_3 的一组常闭触点 (3–9) 断开，切断交流接触器 KM_1 的自锁回路，使其不能自锁，同时 SB_3 的另一组常开触点 (3–5) 闭合，接通正转交流接触器 KM_1 线圈回路电源，KM_1 线圈得电吸合，KM_1 三相主触点闭合，电动机得电正转启动运转；松开正转点动按钮 SB_3，正转交流接触器 KM_1 线圈断电释放，KM_1 三相主触点断开，电动机失电停止运转，从而完成正转点动工作。

反转启动时，按下反转启动按钮 SB_4，SB_4 的一组串联在交流接触器 KM_1 线圈回路中的常闭触点 (5–7) 断开，起到按钮常闭触点互锁作用，同时 SB_4 的另一组常开触点 (3–11) 闭合，交流接触器 KM_2 线圈得电吸合且 KM_2 辅助常开触点 (11–15) 闭合自锁，KM_2 三相主触点闭合，电动机得电反转连续运转。在 KM_2 线圈得电吸合时，KM_2 串联在交流接触器 KM_1 线圈回路中的辅助常闭触点 (4–6) 断开，起到接触器常闭触点互锁作用。

反转停止时，按下停止按钮 SB_1(1–3)，交流接触器 KM_2 线圈断电释放，KM_2 三相主触点断开，电动机失电反转停止运转。

反转点动时，按下反转点动按钮 SB_5，SB_5 的一组常闭触点 (3–15) 断开，切断交流接触器 KM_2 的自锁回路，使其不能自锁，同时 SB_5 的另一组常开触点 (3–11) 闭合，接通反转交流接触器 KM_2 线圈回路电源，KM_2 线圈得电吸合，KM_2 三相主触点闭合，电动机得电反转启动运转；松开反转点动按钮 SB_5，反转交流接触器 KM_2 线圈断电释放，KM_2 三相主触点断开，电动机失电停止运转，从而完成反转点动工作。

实物接线图（图 11.28）

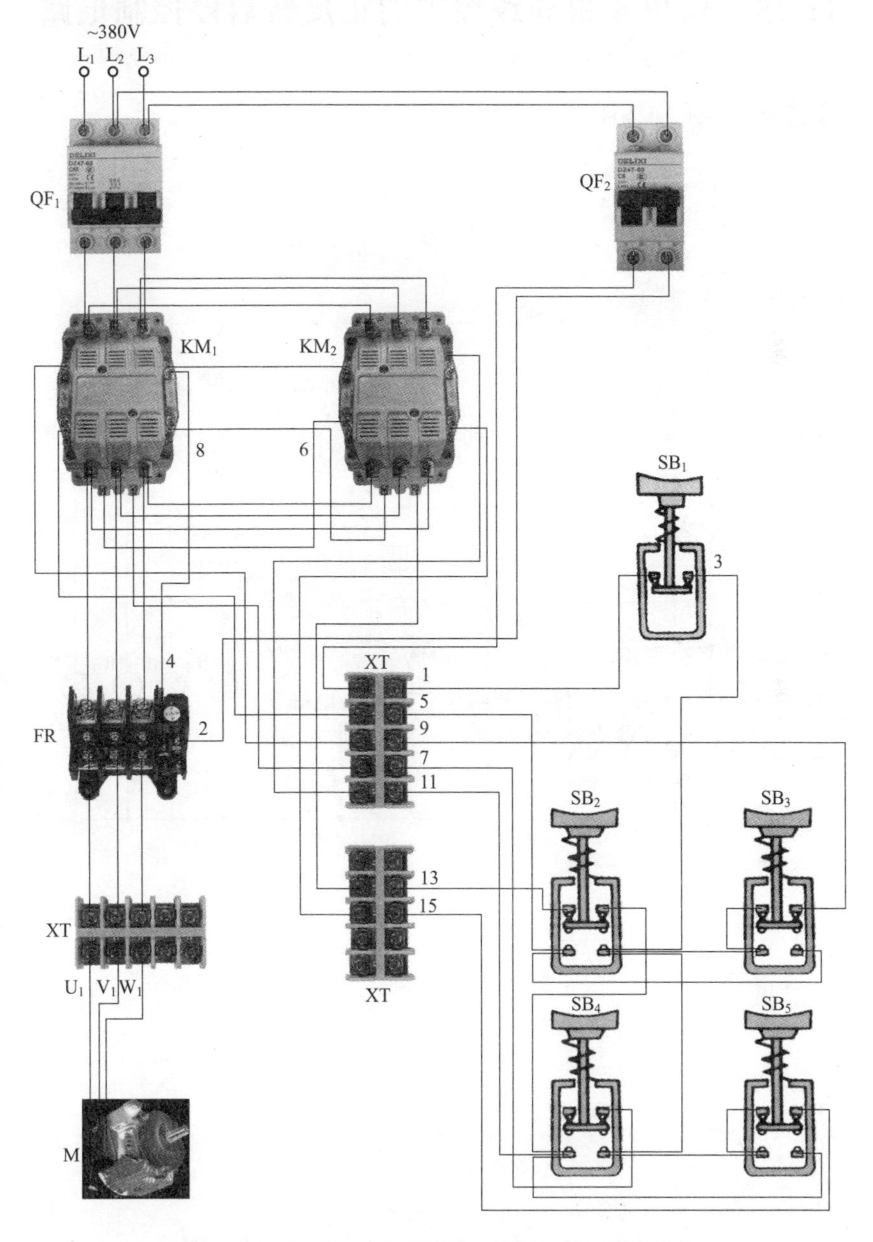

图11.28 可逆点动与启动混合控制电路实物接线图

11.15　仅用 4 根导线控制的正反转启停控制电路

原理图（图 11.29）

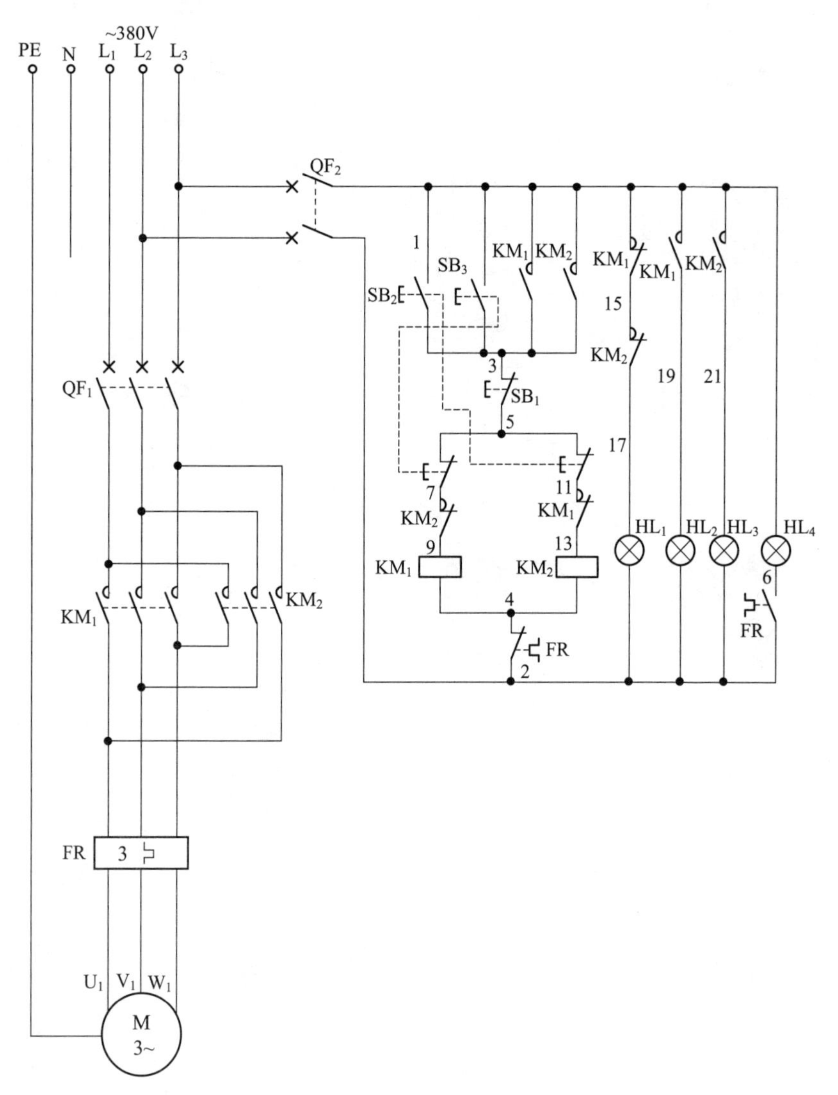

图 11.29　仅用 4 根导线控制的正反转启停控制电路

正转启动时，按下正转启动按钮 SB_2，SB_2 的一组常闭触点 (5-11) 断开，切断反转交流接触器 KM_2 线圈回路电源，起到按钮互锁作用；SB_2 的另一组常开触点 (1-3) 闭合，接通正转交流接触器 KM_1 线圈回路电源，KM_1 线圈得电吸合且 KM_1 辅助常开触点 (1-3) 闭合自锁，KM_1 三相主触点闭合，电动机得电正转启动运转。同时 KM_1 的一组辅助常闭触点 (11-13) 断开，切断反转交流接触器 KM_2 线圈回路电源，起到接触器触点互锁作用，KM_1 的另一组辅助常闭触点 (1-15) 断开，指示灯 HL_1 灭，KM_1 的另一组常开触点 (1-19) 闭合，指示灯 HL_2 亮，说明电动机已正转运转了。

反转启动时，按下反转启动按钮 SB_3，SB_3 的一组常闭触点 (5-7) 断开，切断正转交流接触器 KM_1 线圈回路电源，使正转交流接触器 KM_1 线圈断电释放，KM_1 三相主触点断开，电动机失电正转停止运转；KM_1 所有辅助常开、常闭触点恢复原始状态。此时，反转交流接触器 KM_2 线圈在反转启动按钮 SB_3 的一组常开触点 (1-3) 的作用下得电吸合，KM_2 辅助常开触点 (1-3) 闭合自锁，KM_2 三相主触点闭合，电动机得电反转启动运转。同时 KM_2 的一组辅助常闭触点 (7-9) 断开，切断正转交流接触器 KM_1 线圈回路电源，起到接触器常闭触点互锁作用，KM_2 的另一组辅助常闭触点 (15-17) 断开，指示灯 HL_1 灭，KM_2 的另一组常开触点 (1-21) 闭合，指示灯 HL_3 亮，说明电动机已反转运转了。

停止时，无论电动机处于正转还是反转运转状态，只要按下停止按钮 SB_1(3-5)，都会切断控制电动机电源的交流接触器 KM_1 或 KM_2 线圈回路电源，使 KM_1 或 KM_2 线圈断电释放，KM_1 或 KM_2 各自的三相主触点断开，电动机失电停止运转。同时指示灯 HL_2 或 HL_3 灭，HL_1 亮，说明电动机已停止运转了。

本电路比较巧妙，也非常容易记忆，两只启动按钮开关 SB_2、SB_3 的常开触点 (1-3) 与 KM_1、KM_2 辅助常开自锁触点 (1-3) 并联，再与停止按钮 SB_1(3-5) 串联，然后停止按钮 SB_1 的 $5^{\#}$ 线再与两只启动按钮 SB_2、SB_3 的常闭触点 (5-7、5-11) 并联，$7^{\#}$、$11^{\#}$ 线分别连至正、反转控制回路即可。

实物接线图（图 11.30）

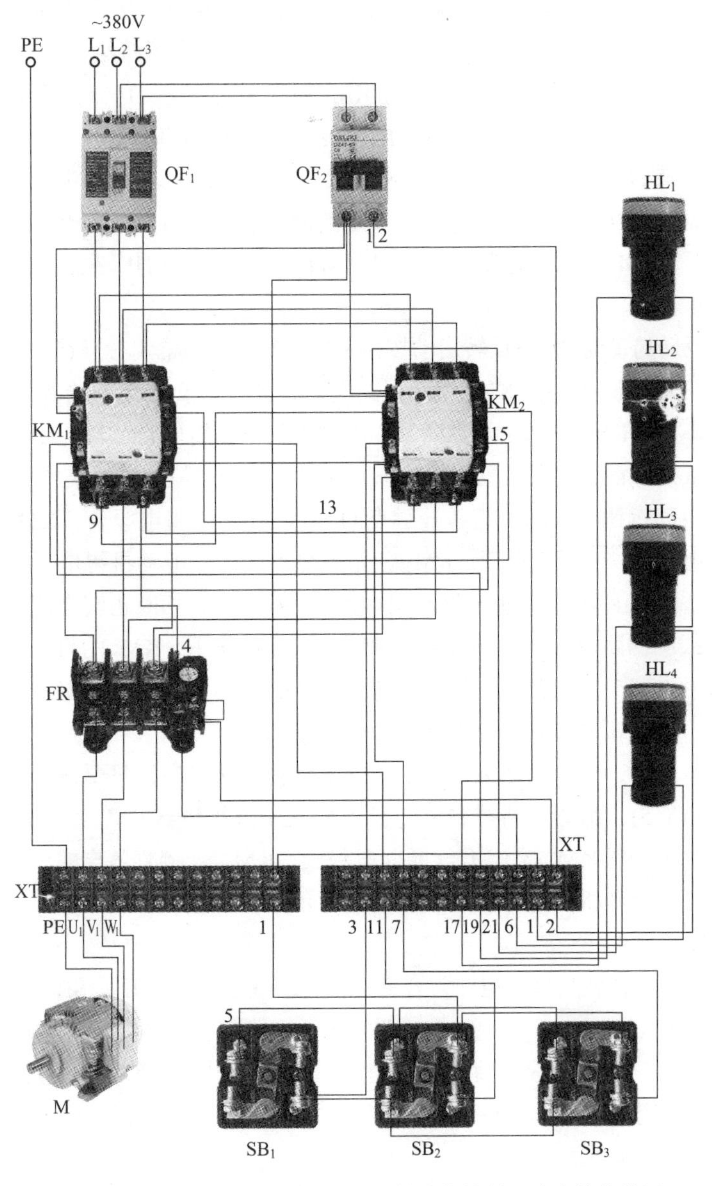

图 11.30 仅用 4 根导线控制的正反转启停控制电路实物接线图

11.16 利用转换开关预选的正反转启停控制电路

原理图（图 11.31）

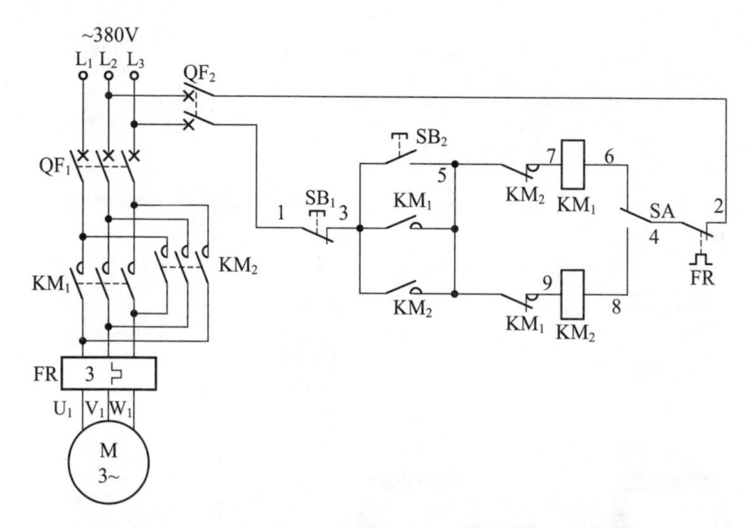

图 11.31 利用转换开关预选的正反转启停控制电路

正转启动时，首先将预选正反转转换开关 SA 置于上端 (4−6)，为正转启动运转做准备。按下启动按钮 SB_2(3−5)，正转交流接触器 KM_1 线圈得电吸合且 KM_1 辅助常开触点 (3−5) 闭合自锁，KM_1 三相主触点闭合，电动机得电正转启动运转。在 KM_1 线圈得电吸合后，KM_1 串联在反转交流接触器 KM_2 线圈回路中的辅助常闭触点 (5−9) 先断开，起互锁保护作用。

正转停止时，按下停止按钮 SB_1(1−3) 或将预选正反转转换开关 SA 置于下端 (4−8) 后再返回到上端 (4−6) 时 (也就是说，将 SA 转换开关由原来所处的位置向相反的位置改变一下后，再回到原来所处的位置上)，正转交流接触器 KM_1 线圈断电释放，KM_1 三相主触点断开，电动机失电正转停止运转。

反转启动时，首先将预选正反转转换开关 SA 置于下端 (4−8)，为反转启动运转做准备工作。按下启动按钮 SB_2(3−5)，反转交流接触器 KM_2 线圈得电吸合且 KM_2 辅助常开触点 (3−5) 闭合自锁，KM_2 三相主触点闭合，电动机得电反转启动运转。在 KM_2 线圈得电吸合后，KM_2 串联在正

转交流接触器 KM_1 线圈回路中的辅助常闭触点 (5-7) 先断开，起互锁保护作用。

反转停止时，按下停止按钮 SB_1(1-3) 或将预选正反转转换开关 SA 置于上端 (4-6) 后再返回到下端 (4-8) 时 (也就是说，将 SA 转换开关由原来所处的位置向相反的位置改变一下后，再回到原来所处的位置上)，反转交流接触器 KM_2 线圈断电释放，KM_2 三相主触点断开，电动机失电反转停止运转。

实物接线图（图 11.32）

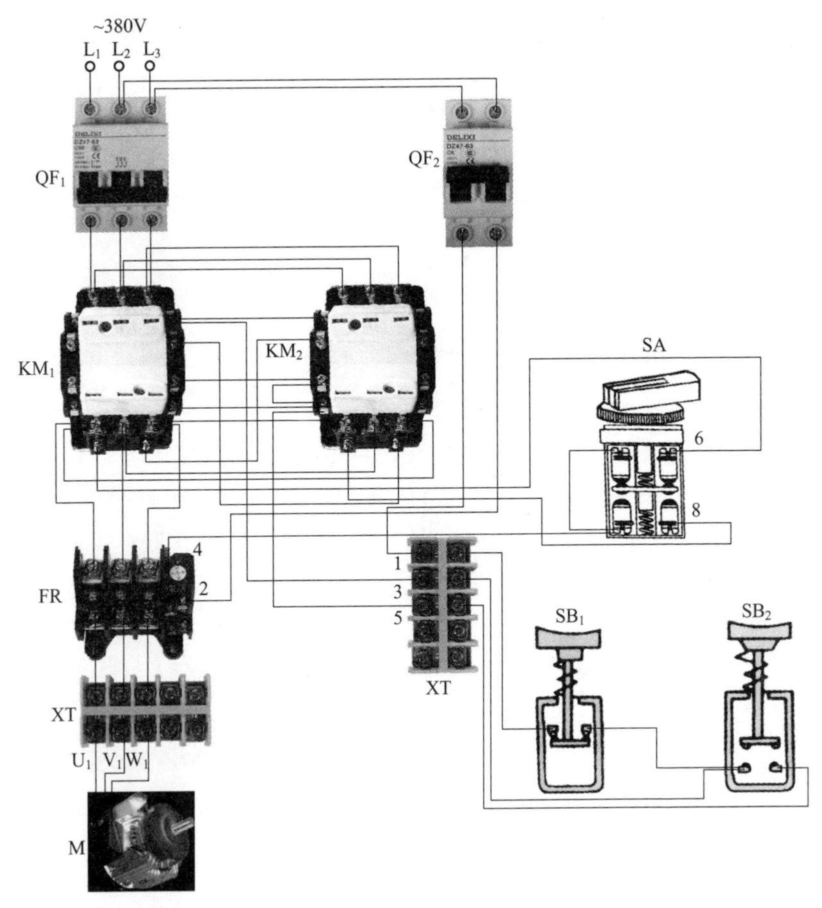

图 11.32　利用转换开关预选的正反转启停控制电路实物接线图

11.17 JZF-01 正反转自动控制器应用电路

原理图（图 11.33）

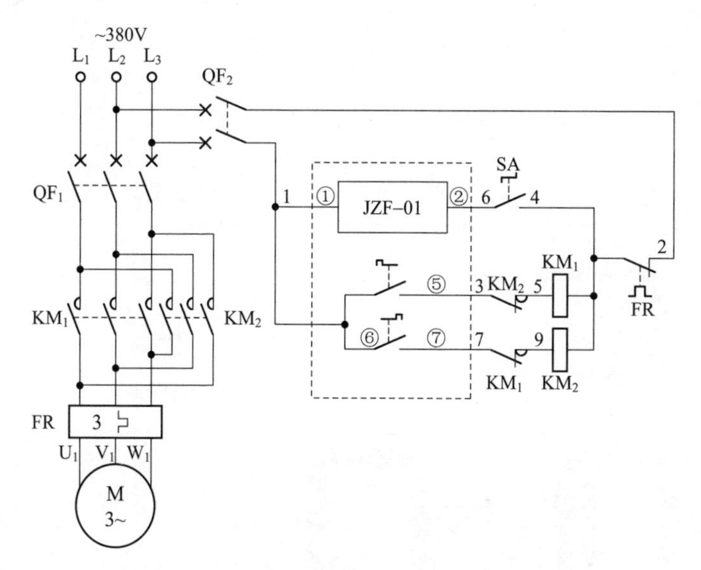

图 11.33 JZF-01 正反转自动控制器应用电路

首先合上主回路断路器 QF_1、控制回路断路器 QF_2，为电路工作提供准备条件。

工作时接通转换开关 SA(4−6)，JZF−01 正反转自动控制器得电工作。JZF−01 正反转自动控制器内设置的延时时间为固定式，也就是按以下动作时间循环工作，即正转运转 25s →停止 5s →反转运转 25s →停止 5s →正转运转 25s……一直循环下去。

实际上，当 JZF−01 正反转自动控制器得电工作后，其端子⑤脚有输出时，正转交流接触器 KM_1 线圈得电吸合，KM_1 三相主触点闭合，电动机得电正转启动运转；电动机正转运转 25s 后，JZF−01 正反转自动控制器端子⑤脚无输出，正转交流接触器 KM_1 线圈断电释放，KM_1 三相主触点断开，电动机失电正转停止运转。

经控制器延时 5s 后，控制器端子⑦脚有输出时，反转交流接触器 KM_2 线圈得电吸合，KM_2 三相主触点闭合，电动机得电反转启动运转；

电动机反转运转 25s 后，控制器端子⑦脚无输出，反转交流接触器 KM_2 线圈断电释放，KM_2 三相主触点断开，电动机失电反转停止运转。再经控制器延时 5s 后，控制器端子⑤脚又有输出时，正转交流接触器 KM_1 线圈又得电吸合，KM_1 三相主触点又闭合了，电动机又得电正转启动运转了，如此这般循环下去。

停止时，只需断开转换开关 SA(4−6) 即可。

实物接线图（图 11.34）

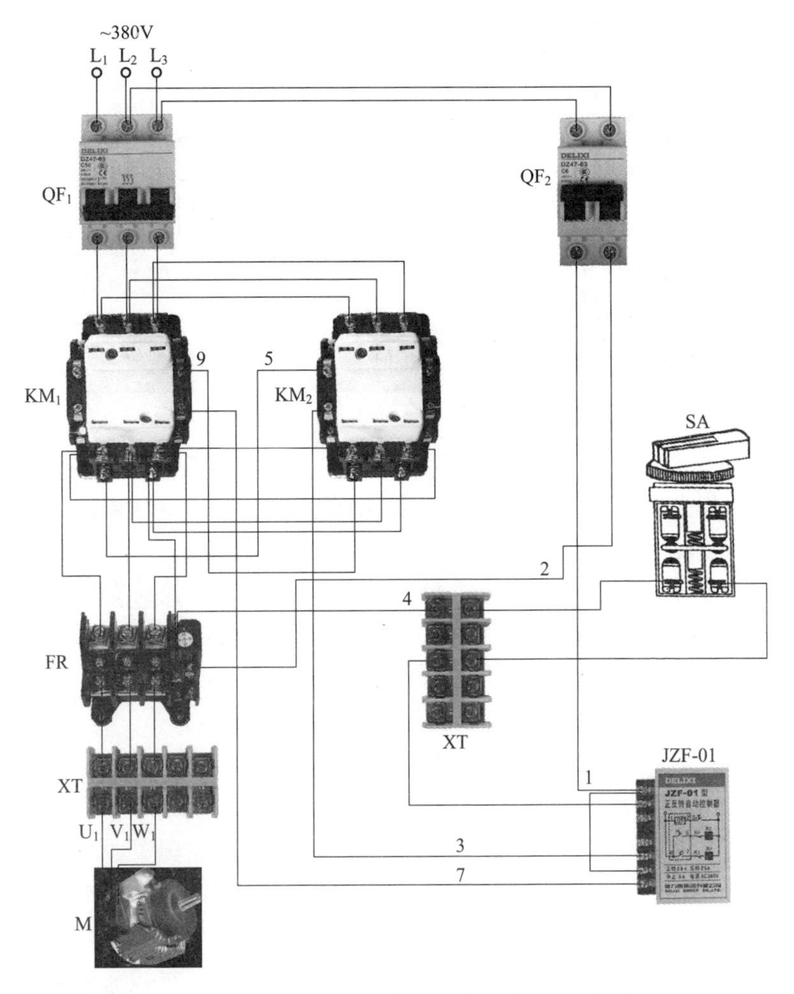

图 11.34　JZF−01 正反转自动控制器应用电路实物接线图

11.18 用电弧联锁继电器延长转换时间的正反转控制电路

原理图（图 11.35）

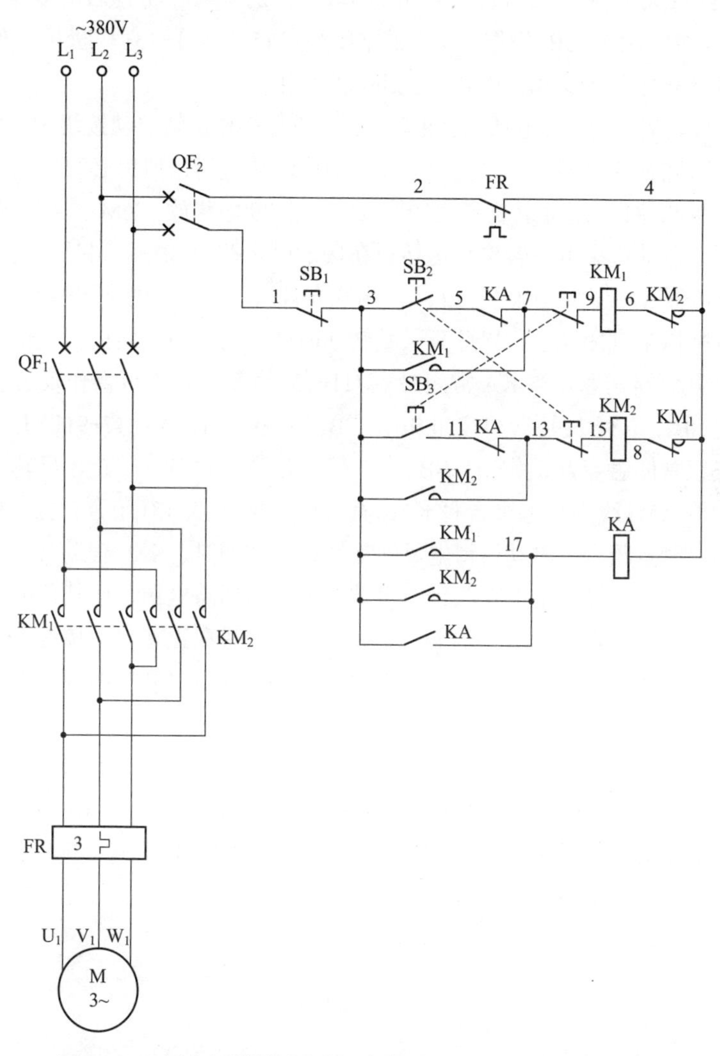

图 11.35 用电弧联锁继电器延长转换时间的正反转控制电路

正转启动时，按下正转启动按钮 SB_2，SB_2 的一组常闭触点 (13-15) 断开，起到按钮常闭触点互锁作用；SB_2 的一组常开触点 (3-5) 闭合，正转交流接触器 KM_1 线圈得电吸合且 KM_1 辅助常开触点 (3-7) 闭合自锁，KM_1 三相主触点闭合，电动机得电正转运转；与此同时，KM_1 辅助常开触点 (3-17) 闭合，接通了电弧联锁继电器 KA 线圈回路电源使其得电吸合且 KA 常开触点 (3-17) 闭合自锁，KA 分别串联在正转启动按钮 SB_2 或反转启动按钮 SB_3 操作回路中的常闭触点 (5-7、11-13) 均断开，使其不能再进行正反转启动操作，起到限制作用。

反转启动时，若电动机已正转运转，直接操作反转启动按钮 SB_3 时，因电弧联锁继电器 KA 常闭触点的作用而无法进行，所以必须先按下停止按钮 SB_1(1-3)，正转交流接触器 KM_1 线圈断电释放，KM_1 三相主触点断开，电动机失电正转停止运转；在按下停止按钮 SB_1 的同时，电弧联锁继电器 KA 线圈也断电释放，KA 串联在各启动回路中的常闭触点 (5-7、11-13) 恢复常闭状态，以此延长其转换时间，防止正反转操作过快而出现电弧短路问题。当 KA 常闭触点 (11-13) 恢复后，方可操作反转启动按钮 SB_3，按下反转启动按钮 SB_3，SB_3 的一组常闭触点 (7-9) 断开，起到按钮常闭触点互锁作用；SB_3 的一组常开触点 (3-11) 闭合，反转交流接触器 KM_2 线圈得电吸合且 KM_2 辅助常开触点 (3-13) 闭合自锁，KM_2 三相主触点闭合，电动机得电反转运转；与此同时，KM_2 辅助常开触点 (3-17) 闭合，接通了电弧联锁继电器 KA 线圈回路电源，使其得电吸合且 KA 常开触点 (3-17) 闭合自锁，KA 分别串联在正转启动按钮 SB_2 或反转启动按钮 SB_3 操作回路中的常闭触点 (5-7、11-13) 均断开，使其不能再进行正反转启动操作，起到限制作用。

无论正转或反转运转，需停止时，按下停止按钮 SB_1(1-3)，正转交流接触器 KM_1 和电弧联锁继电器 KA 或反转交流接触器 KM_2 和电弧联锁继电器 KA 线圈断电释放，KM_1 或 KM_2 各自的三相主触点断开，电动机失电正转或反转停止运转。

实物接线图（图 11.36）

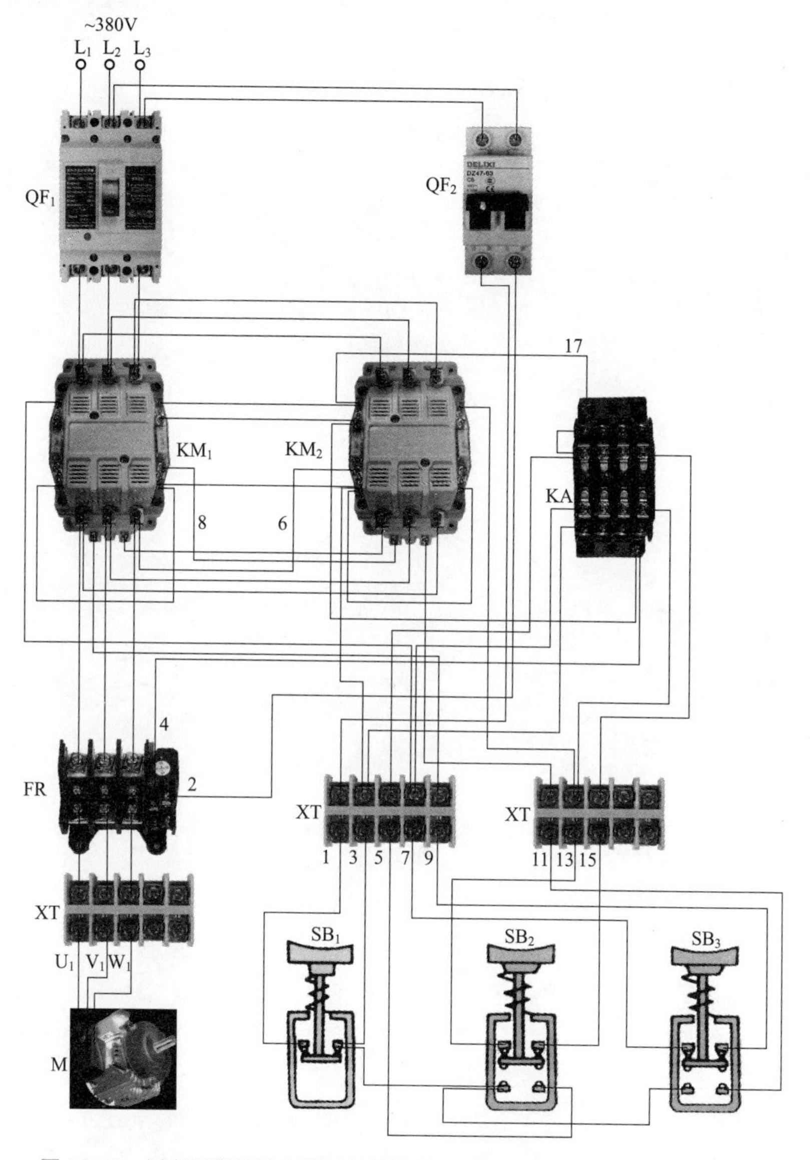

图 11.36 用电弧联锁继电器延长转换时间的正反转控制电路实物接线图

科学出版社

科龙图书读者意见反馈表

书　　名 ________________________________

个人资料

姓　　名：__________ 年　　龄：__________ 联系电话：__________

专　　业：__________ 学　　历：__________ 所从事行业：__________

通信地址：______________________________ 邮　　编：__________

E-mail：________________________________

宝贵意见

◆ 您能接受的此类图书的定价

20元以内□　30元以内□　50元以内□　100元以内□　均可接受□

◆ 您购本书的主要原因有(可多选)

学习参考□　教材□　业务需要□　其他______________

◆ 您认为本书需要改进的地方(或者您未来的需要)

____

____

◆ 您读过的好书(或者对您有帮助的图书)

____

____

◆ 您希望看到哪些方面的新图书

____

____

◆ 您对我社的其他建议

____

____

谢谢您关注本书！您的建议和意见将成为我们进一步提高工作的重要参考。我社承诺对读者信息予以保密，仅用于图书质量改进和向读者快递新书信息工作。对于已经购买我社图书并回执本"科龙图书读者意见反馈表"的读者，我们将为您建立服务档案，并定期给您发送我社的出版资讯或目录；同时将定期抽取幸运读者，赠送我社出版的新书。如果您发现本书的内容有个别错误或纰漏，烦请另附勘误表。

回执地址：北京市朝阳区华严北里11号楼3层

科学出版社东方科龙图文有限公司电工电子编辑部(收)

邮编：100029